# 时装画手绘专业技法

## 基础×进阶×综合实战

王逸婷（Lara Wang） / 编著

人民邮电出版社
北京

**图书在版编目（CIP）数据**

时装画手绘专业技法 ：基础×进阶×综合实战 ／ 王逸婷编著. -- 北京 ：人民邮电出版社，2020.10
ISBN 978-7-115-53234-3

Ⅰ．①时… Ⅱ．①王… Ⅲ．①时装－绘画技法 Ⅳ.①TS941.28

中国版本图书馆CIP数据核字 (2020) 第082142号

## 内 容 提 要

时装画可以作为设计师表达设计灵感及构思的方式，可以作为服装设计从思维形式转化为实物的中间媒介，也可以作为一种独立的艺术形式存在。这是一本时装画手绘专业教程，无论你是要学习专业技能，还是想提升艺术造诣，本书都可以满足你的需求。

全书分为 8 章，分别对时装画手绘的基础知识、时装画人体基本表现技法、时装画线稿与服装平面款式结构图表现技法、彩铅的基本上色技法、马克笔的基本上色技法、常见面料的绘制与表现、常见配饰的绘制与表现进行了详细的讲解，并展示了 11 个时装画效果图制作案例。全书知识体系完整，从基础技法到综合案例均配有演示视频，实用性较强。

本书适合服装设计师、时尚从业者及时尚插画师等人群阅读和学习，并且可作为服装设计专业相关课程的教材使用。

◆ 编　　著　王逸婷（Lara Wang）
　　责任编辑　赵　迟
　　责任印制　马振武

◆ 人民邮电出版社出版发行　　北京市丰台区成寿寺路 11 号
　　邮编　100164　电子邮件　315@ptpress.com.cn
　　网址　https://www.ptpress.com.cn
　　北京盛通印刷股份有限公司印刷

◆ 开本：787×1092　1/16
　　印张：12.75
　　字数：434 千字　　　　　　　　　　2020 年 10 月第 1 版
　　印数：1 – 2 300 册　　　　　　　　2020 年 10 月北京第 1 次印刷

定价：89.00 元

读者服务热线：(010)81055410　印装质量热线：(010)81055316
反盗版热线：(010)81055315
广告经营许可证：京东市监广登字 20170147 号

推荐

　　时装画是以绘画作为基本手段，通过丰富的艺术处理方法来体现服装设计造型和整体氛围的一种表达形式。时装画是应聘设计助理、服装造型师等职位的"敲门砖"，更是与同行交流、与顾客沟通时不可或缺的视觉表达方式。本书非常详细、系统化地讲解了时装画的概念及表现技法，无论是基础知识还是案例演示，都具有很高的实用价值和审美价值。上色工具选择了初学者易掌握的彩铅及方便快捷的马克笔。书中有满满的干货，强烈推荐。

**四川传媒学院戏剧影视美术设计系艺术总监　庞晓阳**

　　服装设计师一直是很多人梦寐以求的职业。想要成为一名出色的服装设计师，就必须全方位地学习服装专业知识，而时装画手绘算是其中一项必备的专业技能。它不仅可以表达设计师的设计意图，表现服装的结构工艺，还可以提升设计师的艺术修养，提高审美能力。本书结构完整，讲解细致，全程附有视频演示，期待读者朋友们能从书中获得不一样的学习体验。

**四川传媒学院艺术副总监兼影视人物造型设计专业主任　黄桦**

　　在日新月异的服装设计领域，作为制作服装的依据，时装画的主要作用是将设计师的创意和概念以较直观和完整的形式呈现出来。本书从多个版块、多个维度对时装画的绘制技法做了仔细分析和讲解，将时装画绘制的整个过程表达得非常清楚，能给予读者极佳的阅读体验，实乃佳作。

**成都纺织高等专科学校服装学院专业讲师／四川传媒学院服装与服饰设计专业教研室主任　吴煜君**

　　服装设计是把创作灵感转化为实物的过程，而手绘时装画则是在这一过程中记录灵感、表达构思必不可少的手段，是时装设计师必备的专业技能。本书详略得当地讲述了时装画的绘制技法，小到握笔拉线，大到完整构图布局，深入浅出地为读者演示了时装画创作和绘制的全过程。本书的主要特点表现在两个方面。首先，用手绘的形式表现时装画效果图。作为时装设计的一部分，时装画手绘能够实时地激发设计灵感，这是计算机绘图所无法替代的。其次，本书详细讲述了用于指导服装制版和工艺设计的服装平面款式结构图的绘制要求和方法，弥补了同类书籍的不足。本书对于服装专业的学生、服装设计师和服装爱好者而言都是不可多得的专业教材和参考书。

**四川大学轻工科学与工程学院纺织与服装工程系副教授　张皋鹏**

序

　　时装画以手绘为主要形式，在某种程度上与绘画艺术有共通之处，同时时装画又是服装设计不可或缺的一部分。因此，时装画同时具备艺术性与功能性。作为专业的服装设计师，需要准确把握客户的需求，并通过服装效果图进行专业的表达。单纯地从艺术层面看，时装画也是体现个人风格、情感和表达对世界认知的一种手段。

　　时装画绘制是服装设计过程中一个非常重要的阶段，它能够传达出设计师的构思和设计理念，直接、整体、生动地展示服装穿着于人体上的效果，为后续的服装生产与制作做好铺垫。时装画是款式、面料、色彩与设计内涵的高度统一，是把各种设计资源进行有效整合、规划和表现的较好形式，它直观，易于交流，方便修改，甚至还能够激发灵感。

　　本书非常适合零基础或有一定基础的服装设计爱好者、服装设计专业的学生等人群阅读，是一本综合性较强的书。本书对时装画的一些基本技法和表现方式都进行了详细的演示和说明，其较大的特色在于，从基础操作到综合案例表现均配有演示视频，实用性强。书中所有时装画知识点的讲述都直观易懂，并且对重要的地方都进行了强调和说明，能够让读者迅速了解时装画绘制的基本知识，掌握时装画的绘制要点，提高设计表达水平和个人艺术造诣。

　　面对复杂的社会环境和严峻的商业环境，只有把服装设计基础技能学好，日后才能在行业中站稳脚跟，更好地发展自己的事业。在此，我真诚地向读者朋友们推荐这本极具阅读价值的时装画手绘专业教程，希望它能够成为读者朋友们通往成功之路的启蒙书！

**四川省服装（服饰）行业协会会长　杨淑琼**

# 前言

你想学好时装画表现技法吗？你想跨进服装设计行业的大门吗？

很多朋友对服装设计这个领域有着浓厚的兴趣，却又被很多主观或客观的因素阻碍着。例如，想入门，却又觉得自己没有美术基础；想报培训班，却又抽不出那么多时间；想自学，却又找不到一套包含文字、图片及视频的系统的学习资料。基于以上这些问题，笔者编著了本书。这是一本能让想要学习服装手绘效果图或对服装手绘效果图感兴趣的人从零基础快速进入服装设计行业的时装画手绘专业教程。想要学好这门技能和想要进入服装设计行业的读者，只要有浓厚的兴趣，有坚定的决心，并且愿意付出足够的努力，学好时装画手绘表现技法就没有那么难。

本书的结构安排遵循时装画绘制的过程，首先介绍了时装画手绘的基础知识，从人体的基本结构开始，讲解了五官、发型及手脚等部位的表现，然后深入介绍人体比例和动态、服装褶皱、时装画线稿表现及服装平面款式结构图的表现，接着分别讲解了彩铅及马克笔等工具的上色技法以及常见面料及配饰的绘制与表现。此外，本书还收录了大量时装画效果图案例解析。

有句话说得很好："拥有梦想的人很多，但能坚持去实现梦想的人很少。"在编写本书的过程中，笔者忙碌而紧张，既要完成大学教学任务，带学生参加服装设计比赛，修改毕业生的毕业设计和论文，又要完成本书的文字编写、图片绘制及视频录制等工作，还要兼顾时装画课程的网络教学及微信公众号的维护……虽然过程很辛苦，但能做自己喜欢的事也未尝不是一种幸福。

最后，感谢一直以来支持我的家人、朋友及粉丝，没有你们的支持就没有本书的诞生。

若读者在阅读本书的过程中，发现书中存在不足之处，欢迎批评指正；若在学习过程中遇到问题，也可以与我们取得联系并进行交流。

王逸婷（Lara Wang）

2020 年 4 月

# 资源与支持

本书由“数艺设”出品，“数艺设”社区平台（www.shuyishe.com）为您提供后续服务。

## 配套资源

基本绘画技法 + 实例的同步讲解配套视频

## 资源获取请扫码

**“数艺设”社区平台，**为艺术设计从业者提供专业的教育产品。

## 与我们联系

我们的联系邮箱是 szys@ptpress.com.cn。如果您对本书有任何疑问或建议，请您发邮件给我们，并请在邮件标题中注明本书书名及 ISBN，以便我们更高效地做出反馈。

如果您有兴趣出版图书、录制教学课程，或者参与技术审校等工作，可以发邮件给我们；有意出版图书的作者也可以到“数艺设”社区平台在线投稿（直接访问 www.shuyishe.com 即可）。如果学校、培训机构或企业想批量购买本书或“数艺设”出版的其他图书，也可以发邮件联系我们。

如果您在网上发现针对“数艺设”出品图书的各种形式的盗版行为，包括对图书全部或部分内容的非授权传播，请您将怀疑有侵权行为的链接通过邮件发给我们。您的这一举动是对作者权益的保护，也是我们持续为您提供有价值的内容的动力之源。

## 关于“数艺设”

人民邮电出版社有限公司旗下品牌“数艺设”，专注于专业艺术设计类图书出版，为艺术设计从业者提供专业的图书、U 书、课程等教育产品。出版领域涉及平面、三维、影视、摄影与后期等数字艺术门类，字体设计、品牌设计、色彩设计等设计理论与应用门类，UI 设计、电商设计、新媒体设计、游戏设计、交互设计、原型设计等互联网设计门类，环艺设计手绘、插画设计手绘、工业设计手绘等设计手绘门类。更多服务请访问“数艺设”社区平台 www.shuyishe.com。我们将提供及时、准确、专业的学习服务。

# 目录

# 第 7 章

## 常见配饰的绘制与表现 .....113

# 第 8 章

## 时装画效果图案例解析 .....137

# 第1章
## 初识
## 时装画手绘

时装画是以绘画为基本手段，采用多种艺术处理方法来体现服装设计的造型和整体氛围的一种艺术形式。

本章主要讲述时装画手绘的商业意义、时装画手绘的分类、时装画手绘的风格、时装画手绘的常用工具及学习时装画手绘所需要掌握的知识。

# 1.1 时装画手绘的商业意义

　　作为一种既有实用性又有装饰性的艺术形式，时装画从广义上来说泛指一切与服装、时尚相关的艺术作品；从狭义上来说指的是表达服装设计师的思想和概念的，表现服装整体造型效果的服装设计稿。

　　时装画早在16世纪就已经产生，当时在西方，时尚信息由定期出版的刊物进行传播，上流社会和宫廷贵族雇用大批的艺术家用插图描绘当时的礼仪活动和时尚着装，这便是时装画的雏形。据史料记载，世界上较早的真正意义上的时装画是由版画艺术家温斯劳斯·霍拉（Wenceslaus Hollar）在伦敦创作的。 从18世纪时尚杂志出版发行到19世纪服装产业空前发展，再到20世纪设计师大量出现，时装画的风格越来越多样，时装画成为社会历史发展中一种不可替代的、融合艺术审美和时代精神的独特的艺术形式。

　　时装画作为一个独立的画种，从早期传递时尚信息，到后来指导服装生产、销售，再到如今成为一种装饰艺术品，对服装文化及产业的发展起到了积极的推动作用。时装画绘制是服装设计的第一步，是从思维形式转化到实物形式的必要过程。设计师对服装造型的理解、对流行元素的运用，以及对形式美的把握基本靠效果图来体现。有了效果图，才能更快速、直观地感受整体设计效果，从而更准确和有效地配料、打版和制作。现在，越来越多的品牌、院校、服装协会开始举办服装设计大赛来发掘更多有潜力的设计师，初选形式均是提交设计效果图。设计师只有通过了初选，才有机会制作成衣，参加走秀。很多服装设计大师的服装效果图不仅是设计稿，还会在宣传新品时应用于展示其最初设计概念和精神的海报。这种富有温度感的形式是摄影作品所不能代替的。所以越来越多的品牌、杂志、自媒体及时尚网站开始与有个性的时尚插画师进行合作，让他们创作独一无二的时装画。从生活的角度来看，时装画可以是客厅墙上的艺术品、卧室床头的装饰品，也可以印在服装上，甚至印在手包、化妆包、购物袋、抱枕、水杯及手机壳等定制产品上。当时装手绘设计师拥有了较强的手绘能力，也会有图案设计师、面料设计师、人物造型师、影视服装设计师等更多的从业选择。

# 1.2 时装画手绘的分类

　　时装画根据功能作用、表现技法及侧重点的不同，可以分成服装草图、服装效果图、服装平面款式结构图和时装插画 4 种表现形式。

## 1.2.1 服装草图

　　服装草图是一种表现设计氛围和设计要点的时装画，是设计师快速记录自己的想法的一种形式，也是系列设计、创意拓展和搜集灵感的主要形式。服装草图的基本要求是绘制出关键的设计元素，必要的时候可以对某个设计点进行局部放大，并对一些设计细节做简单的文字标注。服装草图多以黑白线稿为主，也可使用马克笔等工具简洁快速地上色。

## 1.2.2 服装效果图

　　服装效果图是一种用以表达服装设计整体造型的绘画形式。它运用于服装的设计环节中，是将服装草图整理、完善后，清晰、准确地表现服装穿在人体上的整体效果图，是从服装设计构思到成衣制作的过程中不可或缺的部分。服装效果图要求人体结构、比例、动态绘制准确，并且表现出服装的外部廓形、款式结构、色彩搭配、面料肌理和工艺细节等，在色彩表达上要求尽量写实，有一定的立体感。由于服装穿在人体上是以三维立体的状态呈现的，因此有需要时也可绘制出服装的侧面或背面的效果图。一张完整的设计稿还需要再配上相应的面料小样、平面款式结构图和文字说明。

## 1.2.3 服装平面款式结构图

　　服装平面款式结构图是以平面线稿的形式，将服装正反面的款式结构、工艺细节、装饰配件及制作要求等进一步细化形成具有切实依据的示意图，必要时可以配以简练的文字辅助说明和面料小样。服装平面款式结构图可以在较短的时间内传递更多的信息，为服装的裁剪和制作提供完整、科学的图形依据，适合工业化生产的需要，在实际应用中具有较高的参考价值。有些服装企业要求设计师展示设计图时只提供服装平面款式结构图即可。但是在这种情况下，设计师通常需要对服装平面款式结构图进行上色。

# 1.2.4　时装插画

时装插画是时尚艺术的一种创作形式，旨在表现服装的精髓和灵魂，视觉冲击力和画面装饰效果较强，多出现在时装杂志、海报和广告中。随着时装画越来越为人们所重视，时装插画的风格、形式越发新颖多样，同时具有独特的欣赏价值，已成为一个独立的画种。时装插画没有固定的规则，所采用的工具和材料没有限制，也没有明确的绘制方式和流行风格，重在体现装饰美和形式美。与其他形式的时装画相比，时装插画往往更有艺术表现力，非常适合反映时装插画师的个性和艺术风格。

# 1.3 时装画手绘的风格

在时装画手绘中，一个时装画创作者在长期的练习和创作实践中往往会持续并习惯性地使用某些表现形式，进而进行创造、发挥，最终形成独具个人特色的、成熟的、定型的艺术表现形式。风格可以使一位创作者的多个作品具有统一性，并与其他创作者的作品区分开。

在工作中，常见的时装画表现风格有写实风格、写意风格、动漫风格及另类风格等。

## 1.3.1 写实风格

写实风格的时装画在工作中比较常用，其最大的特点是效果逼真，但所需绘制时间相对较长。在绘制此类风格的时装画时，要求人体结构、比例和动态准确，服装面料质感表达真实。 同时，线条讲究细致、丰富，用笔和用色讲究仿真，光影过渡要自然，甚至一些微小的结构变化和光影变化都要交代清楚。

## 1.3.2 写意风格

写意风格的时装画的特点是生动、个性明显且氛围浓厚，通常会刻意对人体或服装进行局部省略或留白处理。在绘制此类风格的时装画时，要求把握对象的主要特征，从中提炼出主干及重要的线条和结构，使用简化的手法完成对服装对象的描绘。

## 1.3.3 动漫风格

动漫风格的时装画主要以动画、漫画等形式进行表现。无论是在用线和用色上还是在造型和构图上，不同的画师有不同的表达方式。此类时装画的特点首先体现在五官的变化上，通过对五官的夸张、省略或变形去表现或酷或可爱的人物形象；其次体现在人体比例的夸张上。

## 1.3.4 另类风格

另类风格的时装画的特点是有个性、新奇，甚至有些诡异。该类时装画往往通过突破常理的概念表达个性，并且只有具有相同认知的观看者才能产生共鸣。在绘制此类风格的时装画时，要求以变形的手法突出个性，甚至不惜放弃对服装和人物的合理描绘，追求怪异的、打破常规的结构和比例，注重画面视觉效果的表达、新奇氛围的营造及绘画者情绪的宣泄，充满思想和情感之美。

# 1.4 时装画手绘的常用工具

在绘制时装画时，常用的工具有勾线笔、彩铅、马克笔、高光笔及其他工具。不同的工具在使用时需要注意的点也不一样，下面进行详细介绍。

## 1.4.1 勾线笔

初学者在用铅笔绘制完时装画草图之后，通常会使用勾线笔来整理线条。先用勾线笔勾勒出整洁、流畅的线稿，待其干透之后，将铅笔痕迹擦除干净，再进行上色。

勾线笔具体可以分为硬头勾线笔和软头勾线笔两种类型。

### ◇ 硬头勾线笔

在时装画创作过程中，我们使用的勾线笔通常是可以绘制出均匀一致的线条的针管笔。针管笔分为003、005、01等不同型号。最常见的针管笔是黑色的，像酷笔客（COPIC）、吴竹（KURETAKE）等比较专业的厂商还生产褐色、棕褐色、冷灰色和暖灰色等不同颜色的针管笔。若需要更多颜色，可以选择樱花（SAKURA）彩色针管笔或慕娜美（MONAMI）纤维水彩笔。在刻画人物五官或服装细节时，硬头勾线笔可以与其他上色工具搭配使用，但要考虑不同工具的耐水性、耐光性和耐酒精性。

**品牌推荐：** 樱花、三菱（UNI）、酷笔客、斯塔（STA）、施德楼（STAEDTLER）及吴竹等。

#### ◇ 软头勾线笔

当对线条的绘制比较熟练之后，我们可以使用软头勾线笔表达更丰富的画面效果。前面提到的多个品牌的产品中都有软头笔（型号名称为 Brush）。同时，樱花还生产彩色软头笔，美辉（MARVY）还生产棕色系和灰色系软头笔。

此外，我们也可以将普通的书法笔（如楷笔）用作软头勾线笔，楷笔有小楷、中楷和大楷之分，可满足不同粗细的线条的绘制要求。同时，一些快没墨的笔也不要轻易扔掉。在时装画绘制中，有时候我们可以用这些笔来表现枯笔效果。

**品牌推荐：** 樱花勾线笔、美辉勾线笔、东洋（TOYO）楷笔、斑马（ZEBRA）秀丽笔及吴竹美文笔等。

## 1.4.2 彩铅

彩铅是一种很常见且易上手的绘画工具，能够与其他很多工具结合使用，其颜色细腻，一般初学者都习惯使用彩铅学习上色。不过，不同品牌的彩铅在笔芯粗细、柔软性、混色度及顺滑度等方面都是有差异的，并且有 12、24、36、48、72、80、120 等多个色号之分。

对于初学者而言，建议购买 48 色彩铅。若打算长期使用，可购买 72 色及以上色号的彩铅。同时，由于彩铅非常容易磨钝，所以切记要勤削笔，尤其是在刻画细节的时候，需要使用极细的笔头。

彩铅具体可以分为油性彩铅和水溶性彩铅两种类型。

## ◇ 油性彩铅

油性彩铅的笔芯硬度适中，质地滑腻，易于叠色，且覆盖力较强，同时着色鲜艳，并带有光泽感，色牢度较高，耐光性强，不溶于水，防水性好。

**品牌推荐：**马可（MARCO）、辉柏嘉（FABER-CASTELL）及三福霹雳马（PRISMACOLOR）等。

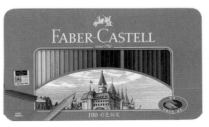

## ◇ 水溶性彩铅

水溶性彩铅的笔杆上通常会有一个小毛笔标识，意指可加水使用，适合大面积铺色时使用。水溶性彩铅在干画时效果与油性彩铅类似，使用加水技法着色后可产生富于变化的色彩效果。同时，水溶性彩铅的颜色可以调和，甚至可以达到和水彩一样的效果，又比水彩更容易掌握，所以比较受时装插画师的青睐。

**品牌推荐：**施德楼、辉柏嘉等。

▼
彩铅一般在比较粗糙的纸面上更容易着色，因此在绘画中应避免使用太过光滑的纸。但是也不能选择太粗糙的纸，因为太粗糙的纸容易出现噪点，使画面看起来不细腻。油性彩铅或不加水的水溶性彩铅可搭配使用细纹素描纸或白卡纸；在采用水溶性彩铅加水技法时可搭配使用彩铅专用纸、细纹水彩纸等，并且纸张的克数可以稍重一些，这样加水晕染后纸面不易起皱。

彩铅专用纸就是专门用来画彩铅画的纸，比较便宜，画面比较细腻，纸张显色度较好，较白，上色和叠色都较容易，也不容易起毛，可刻画细节，常见的品牌有飞乐鸟、高尔乐等。细纹水彩纸显色度高，易上色，纸张较厚，吸水性好，纸面不易因为反复涂抹而起毛或破裂，但价格较高。在购买细纹水彩纸时，一般选择190g的就够用了，推荐采用水溶性彩铅加水技法时使用。常见的细纹水彩纸的品牌有获多福（SAUNDERS WATERFORD）、康颂（CANSON）及保定宝虹等。

# 1.4.3 马克笔

马克笔又名记号笔，由英文名称 Marker 音译而来，是一种常见的书写和绘画工具。对于日常比较忙碌的设计师来说，马克笔是一种理想且常用的设计手绘色彩表现工具，其特点是上色快且概括性强，即画即干，色彩艳丽，可叠加，表达效果干净、清晰，具有较强的时代感和艺术表现力。

由于马克笔不能调色，因此建议初学者购买 60 色的马克笔，且其中最好包含肉色系、灰色系及棕色系等常用的中性色系。若打算长期使用，可购买 80 色及以上色号的马克笔。

马克笔具有良好的兼容性，可以与针管笔、彩铅、钢笔、颜料等配合使用。其中，针管笔和彩铅携带方便，在需要快速表现的情况下与马克笔结合使用的情况比较多。

马克笔可以从两个角度来进行分类：一是按墨水的成分分类，二是按笔头分类。

## ◇ 按墨水的成分分类

### » 油性马克笔

想必大家对油性马克笔并不陌生。在日常生活中，各大手机店、服装店和餐饮店门口张贴的手写 POP 海报基本都是用油性马克笔绘制出来的。同时，油性马克笔可以在玻璃、钢材及皮革等材质上使用。用油性马克笔上色，颜色鲜艳而厚重，并且具备速干、耐水但不耐光等特点。

> 油性马克笔有非常强烈的刺激性气味，这是因为其中含有二甲苯溶剂。长期接触二甲苯溶剂，可能会损害身体健康，因此一般情况下不建议使用。

### » 酒精油性马克笔

酒精油性马克笔全称为油性颜料酒精溶剂马克笔，成分为油性颜料和酒精溶剂。酒精油性马克笔虽然颜色之间不能融合，但具有笔头耐磨、颜色鲜艳、饱和度高、不易褪色、快干、防水、上色均匀、易叠色、颜色过渡自然、笔触痕迹较少、混色效果较好及不容易让画纸晕染和起球等特点，是目前比较常用的一种马克笔。

**品牌推荐：**法卡勒（FINECOLOUR）、酷笔客及歌马（CROMA）等。

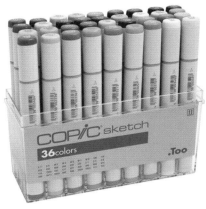

### » 水性马克笔

水性马克笔的成分为水和颜料，颜色变化丰富，并且颜色之间可相融，配合蘸水笔使用可制造出类似水彩的效果。水性马克笔具备不刺鼻、可叠色及颜色饱和度较低等特点，但不防水，易晕染，同时在反复叠色的情况下容易让颜色变脏，因此较难掌握，而且混色效果较差，容易让画纸起球和破损，容易留下笔触。

**品牌推荐：** 吴竹、斯塔及伊考伦（ECOLINE）等。

### » 透明马克笔

透明马克笔是用于调和马克笔色彩的无色型马克笔。在绘画中，我们既可以利用它对其他马克笔绘制出的颜色进行晕染而变化出更多细腻的色彩，又可以营造出大面积柔和的高光。

**品牌推荐：** 温莎牛顿（WINSOR & NEWTON）、酷笔客等。

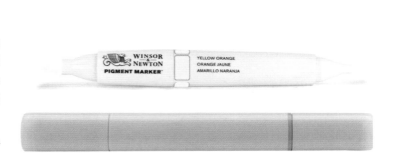

### ◇ 按笔头分类

马克笔按照笔头进行分类，可以分为粗头马克笔、细头马克笔、软头马克笔和宽头马克笔。其中，粗头马克笔是比较常见的一种，适合大面积涂色；细头马克笔适合勾线或刻画细节；软头马克笔具备柔软、灵活且有弹性的特点，适合表现一些有粗细变化的笔触；宽头马克笔的笔头比普通马克笔宽很多，适合大面积快速上色，推荐品牌为酷笔客。我们常用的马克笔一般都是双头的，如粗头配细头、粗头配软头等。

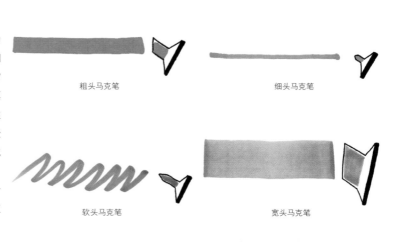

粗头马克笔　　　　　　　　　　　细头马克笔

软头马克笔　　　　　　　　　　　宽头马克笔

---

由于马克笔具有油墨重、容易渗透的物理特性，因此在选纸时需要特别考虑的就是纸张的厚度问题了。针对马克笔时装画的绘制，建议选用马克笔专用纸及荷兰白卡纸等比较厚实的纸张，大小建议是 A3。

马克笔专用纸大多都比较厚实，而一些看起来较薄的马克笔专用纸通常背面都添加有防渗透涂层，抗水性较好，纯白，光滑，色彩还原效果也较好。同时，其纹理细腻，吸墨均匀，快干，方便叠色，过渡自然，笔触顺滑，不易渗透和晕染。推荐品牌有康颂、Touch 及玛丽（MAXLEAF）等。荷兰白卡纸是介于纸和纸板之间的一类厚纸的总称，每平方米重 120g 以上。其特点是纸张厚实，不易渗透，纸面较细腻平滑，纹理比较均匀，显色性较好，纤维韧性强，坚挺耐磨，多次叠加上色后也不会起皱。但其笔触明显，重叠处容易出现痕迹。

## 1.4.4 高光笔

高光笔是能画出白色或高亮效果的一类笔的总称。在时装画创作中，高光笔是实现画面局部提亮的好工具，有时候可以起到画龙点睛的作用，尤其是对眼睛、头发、饰品等进行表现时。同时，在时装画创作中，针对一些有光泽感的面料，我们也需要借助高光笔来进行表现，可起到加强画面对比效果并调节画面氛围的作用。此外，高光笔也可以用来画一些装饰线。

高光笔具体可分为白炭笔、白线笔和油漆笔 3 种类型。

### ◇ 白炭笔

白炭笔属于铅笔的一种，而且有软硬之分，在时装画绘制中可以表现一些比较柔和的高光。同时，根据笔压的轻重，还可以使用白炭笔绘制出有深浅变化的高光，而且能让高光之间过渡自然，覆盖力和与彩铅的混色能力较强。

**品牌推荐：** 马可、酷喜乐（KOH-I-NOOR）及蒙玛特（MONT MARTE）等。

### ◇ 白线笔

白线笔是较常用的一种高光笔，覆盖力强，可在多种纸上使用，也可与各种上色工具结合使用，具有一定的耐水性和耐光性。白线笔有粗细之分，为了方便使用，我们至少需要准备一支极细的白线笔和一支较粗的白线笔，以表现出不同的笔触效果。在选择白线笔时，应特别注意其出水的流畅性。购买马克笔套装时送的高光笔往往出水不够流畅，因此不建议使用。

**品牌推荐：** 三菱、樱花及柏伦斯（BORRENCE）等。

### ◇ 油漆笔

油漆笔的主要成分是油性墨水。油漆笔的覆盖力极强，可在多种纸面上使用。使用前通常需要上下晃动笔杆，使油墨完全混合，再将笔头放在纸上，向下按压数次，待墨水流出。使用后需要及时盖上笔帽，避免挥发。油漆笔书写流畅，光泽度好，不易褪色，并且有粗有细，其中最粗的油漆笔笔芯直径可达 3.0mm。

**品牌推荐：** 樱花、中柏（SIPA）等。

## 1.4.5 其他工具

以上是笔者对时装画绘制过程中常用的一些工具的介绍与分析。除此之外，我们可能使用到的工具还有铅笔、橡皮、削笔刀、纸擦笔、盛水容器、自来水笔、直尺、拷贝纸、拷贝台、毛笔、金属笔及普通油性记号笔等。

通常情况下，建议使用 0.5mm 2B 笔芯的自动铅笔。削笔刀主要用来削彩铅。纸擦笔属于素描画材，可以在铅笔或彩铅笔触的基础上制造出一些涂抹和晕染的效果。盛水容器在水溶性彩铅需要加水使用时会用到，大小合适即可。自来水笔在使用时需要将水注入笔杆，挤压即出水。直尺主要供零基础的初学者前期打参考线时使用，能够熟练绘制人体时基本也就用不上了。拷贝纸和拷贝台用于迅速临摹现成的线稿，零基础或基础薄弱的人使用得较多。使用拷贝纸和拷贝台配合时装画练习，有助于找准人体比例、结构、动态及加强线条的流畅性。毛笔主要在水溶性彩铅需要加水时用到，推荐产品有 DAVINCI 尼龙水毛笔和 MONET 长杆狼毫等。金属笔有金、银、红、蓝等多种颜色，可用于绘制首饰或金属质感的面料。普通油性记号笔可以用来勾线。

针对工具的选择与使用，笔者建议大家多尝试不同材料、不同工具，甚至一些非传统的材料和工具。例如，在时装画绘制中，修正液有时可以代替高光笔绘制出高光效果；在用彩铅上色时，我们也可以用手指或棉签充当晕染工具对画面进行晕染，使其过渡自然……画材和工具的选择只是手段，呈现出完美的画面效果才是目的。

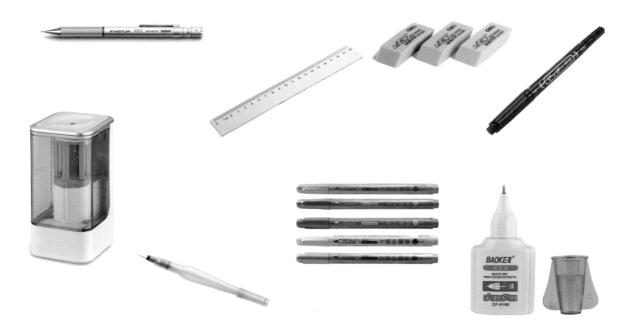

# 1.5 学习时装画绘制前需要掌握的知识

对于零基础的读者来说，在进行时装画绘制前首先要掌握的就是对线条的控制。而想要画出流畅的线条，需要通过大量练习才可以实现。本节主要给大家普及一些绘制时装画时会用到的知识，如握笔、拉线、排线方法，以及对明暗关系的理解等。

## 1.5.1 对线条的掌握

演 示 视 频

绘制时装画效果图的握笔方式与素描绘画有所不同。在绘制时装画时，我们只需像平时写字那样正常握笔即可。在绘制线条时，要注意对运笔速度和力度的把控。通过笔压的变化，画出具有粗细、轻重、深浅及虚实变化的线条。同时，如果想要保持线条的平直，那么在运笔时手腕要尽量保持不动，只靠整个小臂的运动来运笔。除了水平线，垂直线、斜线、曲线及粗细变化线也同样需要练习。在绘制曲线时，一般需要靠手腕的运动来完成。

以下展示的是 4 组没有笔压变化与有笔压变化的线条的对比图。很明显，有笔压变化的线条层次更加丰富，这样的线条运用在服装效果图中，也会使画面效果更富有韵味。

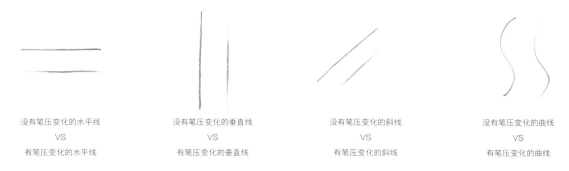

没有笔压变化的水平线　　没有笔压变化的垂直线　　没有笔压变化的斜线　　没有笔压变化的曲线
　　　　VS　　　　　　　　　　VS　　　　　　　　　VS　　　　　　　　VS
有笔压变化的水平线　　　有笔压变化的垂直线　　　有笔压变化的斜线　　　有笔压变化的曲线

在练习绘制线条的过程中，我们还可以尝试有笔压变化的连续线，以便更好地控制线条。

在时装画绘制中，当遇到比较长的线条且无法一次性绘制完成的时候，可以使用接线或空点的技巧。其中，接线技巧的关键就在于每一次落笔和收笔时都要细、轻、虚，在接线时用同样的方法从上一笔较粗的部位开始画，这样接出的长线是最自然的。空点指的是在收笔和起笔之间空出一小段空隙，也可在空隙处点个小点做衔接，这样不会影响画面的整体效果，但空点不宜过多。

错误的接线示例　　　　　　　　正确的接线示例　　　　　　　　空点

# 1.5.2 对排线的掌握

在时装画绘制中，常用的排线方式有均匀排线、渐变排线、转折排线及交叉排线这 4 种。其中，均匀排线不仅有疏密之分，还有方向之分。

◇ **均匀排线**

在练习均匀排线时，可先从稀疏的排线入手，速度放慢一些，要求每一根线的粗细、深浅、长短和间距保持一致。练习密集的均匀排线时，在做到前面几点要求的前提下可稍微加快速度。方向上可以有不同角度的变化，既可以进行水平排线，也可以进行斜排线。

水平排线                                    斜排线

◇ **渐变排线**

渐变排线与均匀排线最大的区别在于笔压的变化。在时装画绘制中，渐变排线主要在需要加深暗部时使用，需要与亮部自然过渡。

以水平排线为例，渐变排线又分为上深下浅、上浅下深、左深右浅及左浅右深这 4 种形式。

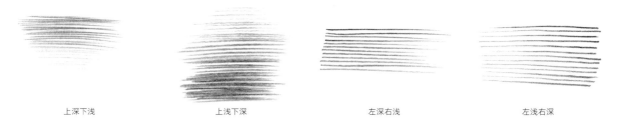

上深下浅            上浅下深            左深右浅            左浅右深

◇ **转折排线**

不同角度的多组排线两两头尾相接即可形成转折排线。转折的角度可根据物体的具体形状来确定。在排线时需要注意，其发力主要靠手腕，在必要时也可转动纸张，保持手臂放松。

转折排线

◇ 交叉排线

交叉排线是由成组且方向不同的排线相互重叠、交叉在一起形成的，常用来表现服装的阴影。密集的交叉排线可以表现出画面的张力和层次变化。交叉时尽量不要垂直交叉，否则会显得比较生硬。

交叉排线

## 1.5.3 对立体感的理解与把控

在刚开始学习时装画时，我们通常会以较写实的上色技法来表现人体和服装的立体感和空间关系。基于此，笔者给大家讲解一下素描中明暗关系的概念，即"三大面"和"五大调"。

◇ 三大面

物体在光线的照射下呈现出三维空间的立体特征。在明暗上通过亮面、灰面和暗面这"三大面"进行体现。

**亮面：** 受光线照射较充分的一面，也叫受光面。在时装画中，亮面通常为人体及服装与光源最接近的部分。

**灰面：** 介于亮面与暗面之间的部分，也叫侧光面。在时装画中一般使用该部位的固有色进行表现。

**暗面：** 背光的一面，也叫背光面。在时装画中，人体和服装的阴影部分就叫暗面。

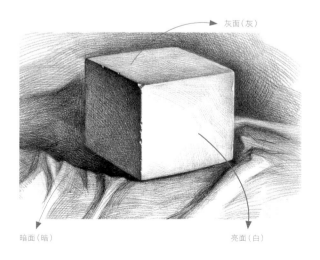

灰面（灰）

暗面（暗）　　　　亮面（白）

## ◇ 五大调

物体在光线的照射下会产生明暗关系。物体都是由许多大小不同的面组成的，各个面的方向不同，接受光线的角度也不同，从而形成了高光、亮灰面、明暗交界线、反光及投影这"五大调"。在时装画的绘制中，我们较常用的是前3种。

**高光：** 受光物体最亮的部分，表现的是物体直接反射光源的部分。高光多见于质感比较光滑的物体或人体部位，如时装画中的眼睛、嘴唇、首饰及一些有光泽感的面料的亮部，通常是以点、短线或长线来进行表现的。

**亮灰面：** 高光与明暗交界线之间的区域，在时装画中所占的面积较大，通常会以大色块来表现。

**明暗交界线：** 区分物体亮部与暗部的区域，一般位于物体的结构转折处。明暗交界线不是指具体的哪一条线，它的形状、明暗及虚实都会随物体结构转折发生变化。在时装画绘制中，明暗交界线通常表现为最深的阴影。

**反光：** 物体的背光部分受其他物体或环境的反射光影响的部分（反光可使物体更通透且具有立体感），在时装画绘制中使用得较少。

**投影：** 物体本身遮挡光线后在空间中产生的暗影。在时装画绘制中，投影通常表现为脚部的阴影。

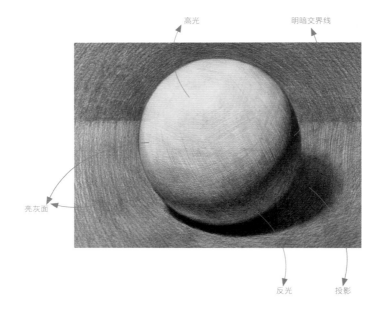

只有在有光照的情况下，一个物体才会产生明暗，所以在临摹时装画效果图时需要先归纳出画面的光源方向。如果自己创作时装画，那么在画之前也需要先设定一个光源。同时，为了更好地表现人体和服装的立体感，在绘画前有必要对素描知识有一个大概的了解与认识，如结构素描、明暗素描及透视知识等。

# 第2章
# 时装画人体基本
# 表现技法

人体是服装的载体，时装画表现的是服装的美感和服装穿在人体上的预期效果。无论时装画的风格或表现手法如何变化，都要以人体为基础。设计创意和设计细节只有通过比例准确、协调的人体才能恰如其分地展现出来。想要绘制出优美的人体，一定要将人体的基本结构、比例和动态了解透彻并反复进行练习，同时掌握其中的规律。本章主要讲述人体结构的表现技法、人体比例的表现技法及人体动态的表现技法。

# 2.1 人体结构的表现技法

一个健康的成年人通常有 206 块骨头和 639 块肌肉。骨骼之间是通过关节和肌肉连接的，人体通过关节的活动能产生不同的动态。因此，在绘制服装效果图之前，我们一定要对人体的骨骼和肌肉有比较清晰的认识。

## 2.1.1 对骨骼和肌肉的认识

### ◇ 对骨骼的认识

骨骼不仅能对人体起到支撑的作用，在一些肌肉较少或没有肌肉的部分，骨骼还能影响人体的轮廓形状。例如，手肘处的肌肉比较少，当手臂弯曲时，骨骼的形状就会影响手肘的形状。骨骼更是体现人体厚度的基础。例如，肋骨可以起到支撑胸腔的作用，使之更有厚度和立体感。

下面，我们来了解一下时装画中会影响人体形态的或需要表现出来的一些骨骼，包括头骨、脊柱、锁骨、肋骨、盆骨、膝盖骨及踝骨。

**头骨：** 头骨是一个饱满且有立体感的球体。特别是在头部转动时，需要考虑到球体的立体感的表现。

**脊柱：** 从颈椎到尾椎，贯穿上半身。从人体骨骼侧视图可以看出，脊柱是从脖子的位置开始的。此处要注意，下巴和脖子之间是有一定空间的。

**锁骨：** 人越瘦，锁骨越明显。锁骨中间是凹陷的，并且由一块肌肉与脖子相连。

**肋骨：** 胸腔的主要组成部分，包括数根弧形小骨。

**盆骨：** 也叫骨盆，是腹腔的主要组成部分，易于表现人体的美感，但很多人在绘制时装画时容易忽视它。一般来说，女性的盆骨通常比男性的盆骨要大。

**膝盖骨：** 又叫髌骨，是连接大腿骨和小腿骨的籽骨，从正面看类似球体。

**踝骨：** 脚踝处较明显的骨骼，从正面看是向两侧凸起的。

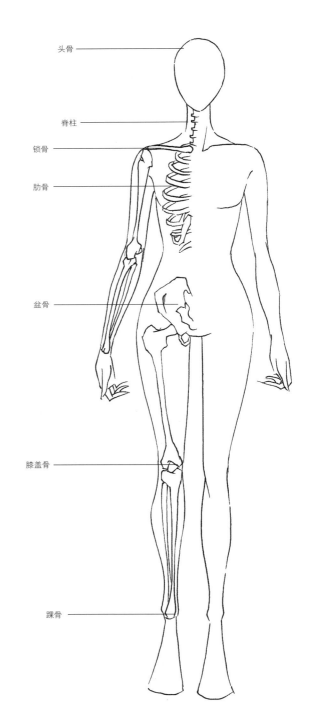

头骨
脊柱
锁骨
肋骨
盆骨
膝盖骨
踝骨

## ◇ 对肌肉的认识

肌肉覆盖在骨骼上，有自身的形状和厚度，会对人体外部轮廓形状产生影响。

下面，我们来了解一下时装画人体中会影响人体形态的肌肉，包括胸锁乳突肌、斜方肌、三角肌、胸大肌、肱桡肌、臀部肌群及腓肠肌。

**胸锁乳突肌：** 从耳垂后方延伸至锁骨部位的肌肉，就像两根管子一样。在时装画绘制中，通常用一条线来表示。人越瘦，这块肌肉越明显。但由于它是肌肉而不是骨头，在绘画的过程中应该比锁骨表现得浅一些。

**斜方肌：** 连接颈部和背部的肌肉。一般来说，男性的斜方肌比女性的要凸出一些，在绘制时装画时需要注意。

**三角肌：** 连接肩膀与手臂的重要肌肉。在时装画绘制中，即便是针对较瘦弱的女性，也需要将三角肌以圆润的线条适当表现出来。

**胸大肌：** 胸大肌与手臂、三角肌相连。在时装画绘制中，可以先把躯干画出来，再添加胸大肌。女性的胸大肌可以看作乳房，在有的动态下可以看到胸部外侧轮廓线经过腋下并向手臂延伸。

**肱桡肌：** 小臂内侧微微凸起的肌肉，在叉腰的时候会比较明显。在时装画绘制中，这块肌肉画好了，可以体现女性的柔美或男性的强壮。

**臀部肌群：** 盆骨周围连接腰部和腿部的肌肉群，在时装画绘制中需要有所表现，避免画得太平。

**腓肠肌：** 腿部肌肉的重要组成部分，俗称小腿肚。在表现女性小腿肚时通常只画外侧，而男性的小腿肚则会在小腿两侧均进行表现。

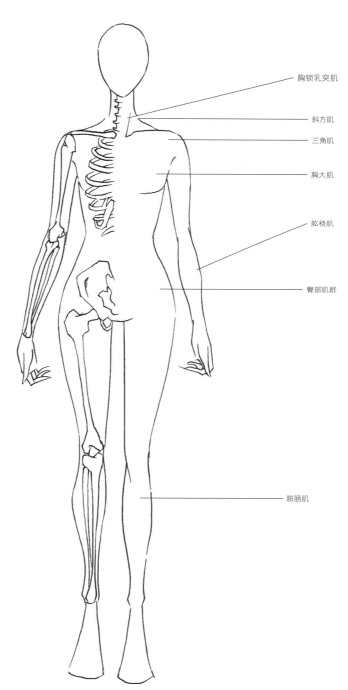

胸锁乳突肌

斜方肌

三角肌

胸大肌

肱桡肌

臀部肌群

腓肠肌

## 2.1.2 人体体块的表现

　　人体由不同的体块组成，每一块都有它特定的形状。为了让大家更快速、更方便地记忆，这里笔者将人体的各部分用不同的几何形或几何体表现出来。由这些几何形或几何体组成的人体可称为简体。

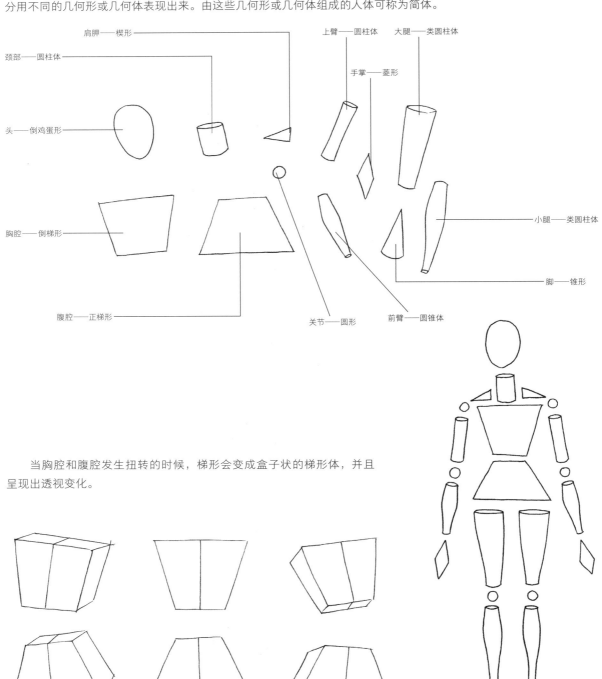

　　当胸腔和腹腔发生扭转的时候，梯形会变成盒子状的梯形体，并且呈现出透视变化。

# 2.1.3 人体局部结构的绘制与表现

针对时装画的绘制与表现，我们可以将人体结构拆分为头部、五官、上肢、下肢，此外头发也是时装画中重要的表现部分，下面分别对其进行讲解。

## ◇ 头部的表现

演 示 视 频

头部可以概括为一个倒鸡蛋形。每个人头部的长短宽窄都不一样，因此在时装画绘制中，我们只要大致把握住模特脸偏小、下巴偏尖的感觉即可。若是手绘基础薄弱，我们可以采用先画长方形再切角的方式来完成头部的绘制。

**头部绘制的基本方法**

**Step1** 先绘制一个长度适中、宽度为长度1/2~2/3的长方形，然后画出中垂直线。

**Step2** 在长方形的内部画4条线，将长方形裁成一个八边形，以体现头顶较平、下巴较尖的头部特征。

**Step3** 在八边形内部再画8条线。

**Step4** 将裁出的图形的内部轮廓圆润化，得到倒鸡蛋形的头部。

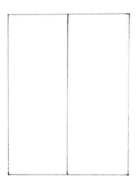
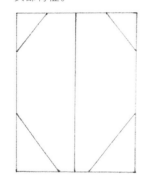
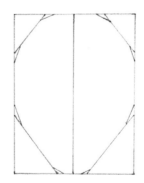
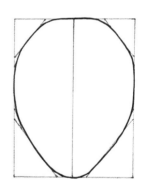

**其他常见角度的头部的表现**

以下展示的是不同角度的头部的形态表现。在时装画绘制中，注意不同角度的头部的透视关系是不一样的。

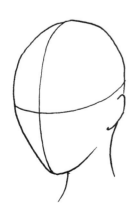

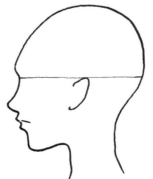
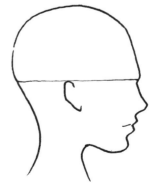

## ◇ 五官的表现

面部比例和五官位置素有"三庭五眼"之说。"三庭"指的是我们可以把脸纵向进行三等分，发际线到眉毛、眉毛到鼻底、鼻底到下巴各占脸长的1/3；"五眼"指的是将头部横向进行五等分，每一份的宽度均为一只眼睛的宽度，从外眼角到耳轮各为一只眼宽，两眼之间为一只眼宽，加上两眼本身，即"五眼"。

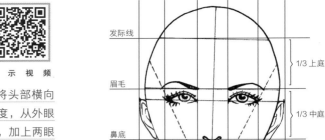

演 示 视 频

### » 五官的定位方法

五官包含眉毛、眼睛、鼻子、耳朵和嘴巴。在学习五官的绘制之前，我们先来对五官进行定位。五官的定位可以分为以下7个步骤。

**Step1** 将头部的中线进行二等分；画一条水平线，标示出眼睛的位置。

**Step2** 在眼睛往上一点的位置画一条水平线，标示出眉毛的位置。

**Step3** 在眉毛与下巴之间的1/2处作一条短横线，标示出鼻底的位置。

**Step4** 画一条水平线，标示出发际线的位置。发际线到眉毛与眉毛到鼻底的距离相同。

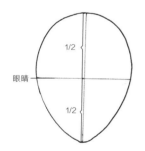

由于不同的人的眉眼间距不同，因此该位置并非是绝对的，适当即可

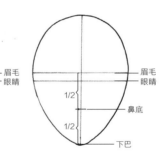

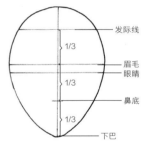

**Step5** 将鼻底到下巴的距离三等分，然后在第一个三等分点画一条短横线，标示出嘴的位置。

**Step6** 将标示眼睛位置的水平线的两端分别往外延伸一小截，并对线段进行五等分，每一份的宽度均为一只眼睛的宽度。此时我们可以看到，从外眼角到耳轮各为一只眼宽，两眼之间为一只眼宽，即得到"五眼"。

**Step7** 将头中线的底部分别与两个外眼角相连并延长，分别与嘴和眉毛的定位水平线相交，得到嘴唇的宽度和眉尾的位置。至此，五官的位置就定位出来了。

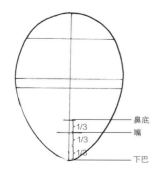

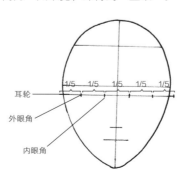

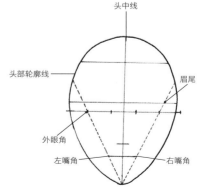

## » 眉毛的表现方法

人的眉毛生长于眼睛上方的眉弓上，眉头、眉峰和眉尾是其主要构成点。眉毛的形状有很多种，可根据画面的需要或自己的喜好进行添加。在绘制眉毛时，眉头可使用一些呈自然放射状的线条，然后顺着眉毛的生长方向画出大致眉形。到达眉峰之后，线条开始向下。眉头至眉峰部位的眉毛朝上生长，眉峰至眉尾部位的眉毛朝下生长。不过，通常情况下，眉毛在时装画中通常只表现粗细变化，而毛发感的表现并不是很明显。

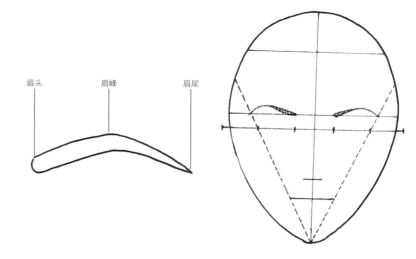

在时装画绘制中，模特的装扮不同，呈现的气质也不同，因此眉形的表现也会有所不同。常见的模特眉形有弧形眉、剑眉、粗平眉、柳叶眉和挑眉。其中，弧形眉整体看起来呈圆润的弧形，眉腰和眉峰都做了圆润化处理。剑眉的上边线和下边线几乎都是直的，没有明显的弧度，且没有眉峰，眉尾尖锐。粗平眉整体上呈平直状态，眉峰部分有一个较为明显的折角。柳叶眉是时装画中比较标准的一种眉形，整体有高低起伏的弧度变化，并且有正常的眉峰和眉尾。挑眉是欧美妆容的代表眉形，眉峰高于眉头，且在眉骨上方挑起，眉尾尖锐利落。

## » 眼睛的表现方法

人的眼睛由上眼睑、眼白、下眼睑和眼珠构成。在绘制眼睛时，我们可以把眼睛看作杏仁状，并标示出泪腺。上眼睑应画得粗实一些，下眼睑可相对细、虚一点。眼珠从上眼睑开始画，呈弧形。通常情况下，眼珠部分都会带有高光，在绘制中可预留出来，也可在画完之后用高光笔点出来。为了让眼睛的效果更美观，我们还可以添加双眼皮，同时加重眼尾线条并加上睫毛。在绘制睫毛时，要注意睫毛的走向，以及其长短、粗细的变化。

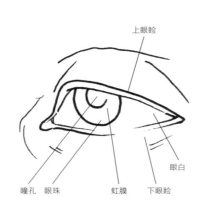

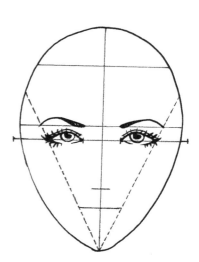

在时装画绘制中，模特头部的偏向角度不同，眼睛的表现方式也不尽相同。绘制不同角度的眼睛时，要注意眼珠转动的方向及眼珠大小、形状的变化，并且要细致地处理眼睑的开、合、垂、扬，以及眉眼间的细微变化。

## » 鼻子的表现方法

人的鼻子由鼻梁、鼻头、鼻孔、鼻翼和人中构成。在时装画的绘制中，鼻子一般不需要表现得太复杂。尤其是在线稿绘制阶段，鼻子应尽量简化，通常只需将鼻头和部分鼻孔表示出来即可。鼻孔呈椭圆状，切忌画得很呆板，鼻翼可不画，通过后期上色表现其立体感。

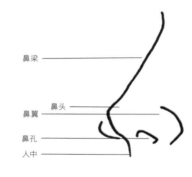

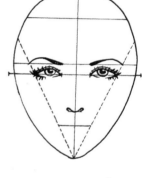

在时装画绘制中，根据模特头部偏向位置的不同，鼻子的形态也会有所不同。

## » 耳朵的表现方法

人的耳朵由外耳轮、三角窝、内耳轮、对耳屏、耳屏和耳垂构成。耳朵的长度等于眼睑到鼻底的距离。在时装画绘制中，耳朵的绘制主要集中在对外耳轮、耳垂、耳屏、部分内耳轮和三角窝等部位的表现。

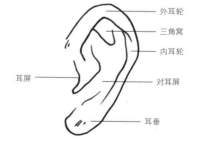

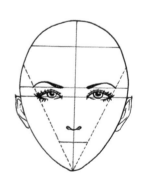

在时装画绘制中，根据模特头部偏向位置的不同，耳朵的形态也会有所不同。

## » 嘴巴的表现方法

人的嘴巴由上唇（包括上唇结节）、唇侧沟、颏唇沟、嘴角和下唇构成。在时装画绘制中，我们只需要集中将上唇结节、嘴角和上下唇的部分轮廓线绘制出来即可。先将嘴唇中间的上唇结节画出，并分别往两边的嘴角进行延伸，嘴角可稍微加深，然后轻轻地画出上唇中间的轮廓线。同时，由于下唇下面有着比较明显的颏唇沟，因此下唇中间的轮廓线要稍重，且下唇比上唇略微丰满一些。

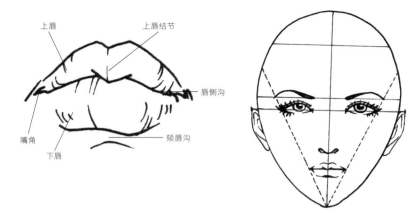

在时装画绘制中，根据模特头部偏向角度的不同和嘴巴张合状态的不同，嘴巴的表现形式也不尽相同。

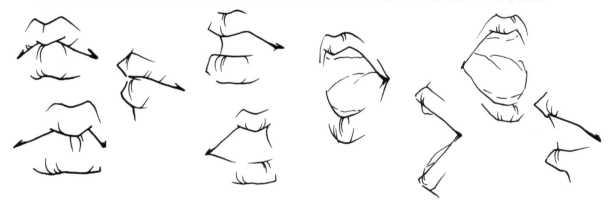

## ◇ 上肢的表现

在服装画绘制中，我们可以把上肢分为上臂、手肘、前臂和手这 4 个部分。此处将上臂、手肘和前臂合称手臂。手属于比较难画的部分，因此会讲解得稍微详细一些。读者需要认真体会不同手势的画法。

演 示 视 频

## » 手臂的表现方法

在绘制手臂时，我们要将前面提到的三角肌和肱桡肌表现出来。当手叉腰或有前缩的动作时，前臂内侧的肱桡肌会更加凸出，而外侧线条较平顺。

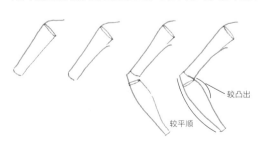

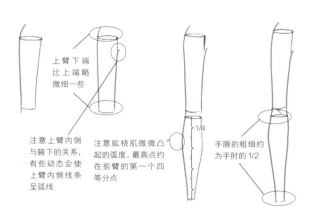

## » 手的表现方法

手由手掌和手指两大部分构成。整个手的长度约是整个头长的 2/3，手掌和手指各约占整个手长度的一半，拇指前端约在手指自然并拢时的指根线上。手指的姿势非常丰富，我们在绘制手时还可将手指细分为四指和拇指。

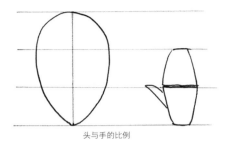

头与手的比例

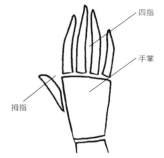

在时装画绘制中，手的表现都不会特别写实，而会适当简化处理，抓住大轮廓和主动态，并以简单流畅的线条来表现。特别是女性的手指，一定要画出纤长的感觉。在绘制腕关节时，可以将其想象成一个球体，并将手臂和手掌自然地连接起来，不要画得太过生硬。指根线可用一条细弧线来表现，最后加上四指和拇指。

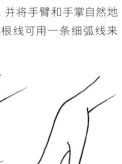

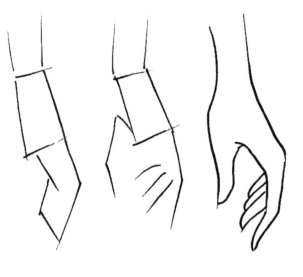

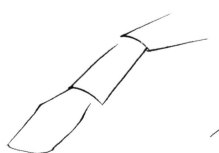

## ◇ 下肢的表现

下肢分为大腿、膝盖、小腿和脚 4 个部分。此处将大腿、膝盖和小腿综合为腿部。脚的绘制难度较大，读者需要多加体会。

演 示 视 频

### » 腿部的表现方法

大腿根部是整个腿部最粗的地方，从大腿根部到膝盖逐渐变细。膝关节呈球状，通常会进行简化处理，稍微凸起。小腿一定要表现得光滑、修长，腿肚子的表现很关键。踝关节上方是整个腿部最细的地方。

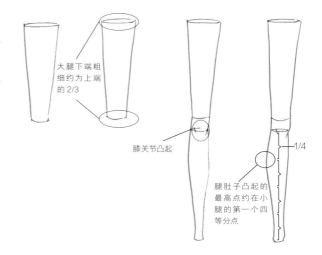

大腿下端粗细约为上端的 2/3

膝关节凸起

1/4

腿肚子凸起的最高点约在小腿的第一个四等分点

### » 脚的表现方法

脚的表现也应该是细长的。虽然时装画中很少有不穿鞋的模特，但初学者最好还是练习一下脚的画法，这样有助于理解鞋子的表现。不管是画哪个角度的脚，都要注意脚跟是最靠后的结构，同时要有意识地对脚趾和趾甲进行简化表现。

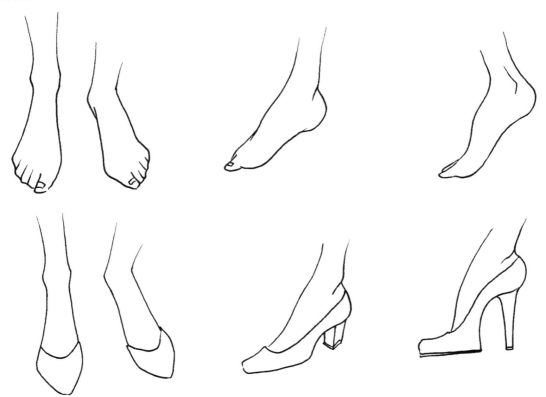

◇ 头发的表现

在时装画绘制中，头发形态的表现对模特气质的影响是很明显的。

想要画好头发，对于长直线和长曲线的熟练掌握是很有必要的。初学者在绘制头发时很容易走进误区，就是画很多没有层次的线条，这样会显得特别乱，是需要避免的。此外，我们要知道头发是有体积和厚度的，并且头发与头部之间存在前后关系。笔者绘制头发的顺序是，先轻轻画出发型的大致轮廓，线条不要太僵硬，可以根据光影关系画出有粗细、虚实变化的轮廓线（通常靠近脸和头皮区域的头发颜色最深，头顶和外围区域的颜色最浅）；然后对发型内部进行分组，厘清其走向，如刘海为一组，外层为一组，内层为一组，再慢慢细分；最后利用线条的疏密表现头发的立体感与空间感，用线条进行高度概括，阴影部分、靠后的线条稍密，受光部分的线条较稀疏。

» **长直发的表现方法**

在绘制长直发时，一般直线使用得较多，并且通常将头发分为刘海、左前片、右前片、左后片及右后片这5个部分，主要通过线条的疏密表现头发的立体感和空间感，如发梢和靠近脖子位置的线条较密实，其他位置的线条较稀疏。

» **长卷发的表现方法**

在绘制长卷发时，一般曲线使用得较多，线条要求流畅、整洁，同样要以分组的形式来绘制，切忌杂乱无章。

» **短发的表现方法**

短发的绘制通常分刘海、左后片及右后片 3 组进行，光源设定在右边，所以左侧的线条较密。

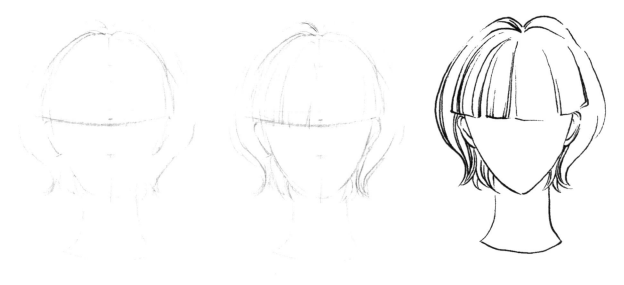

» **马尾的表现方法**

马尾的绘制基本可以分为有刘海和没有刘海两种类型。在绘制没有刘海的马尾时，需要注意发际线的表现。此时的发际线应该由一组向后发散的弧线的起点组成，切忌画一条横向的实弧线作为发际线。同时，向后的头发的走向及弧度要依据头部的轮廓来决定。

# 2.2 人体比例的表现技法

　　人体的身高比例可根据时装画的风格来确定。普通人的比例为 7.5 头身。标准模特的比例为 9 头身，这被认为是最理想、最完美也最易掌握的人体比例，所以时装画人体比例通常采用的是 9 头身，并且相对写实一些。当然，日常生活中也有采用 10 头身或 10 头身以上的人体比例绘制时装画的，这种身材比例的差异主要体现在腿长上，效果略带装饰性。

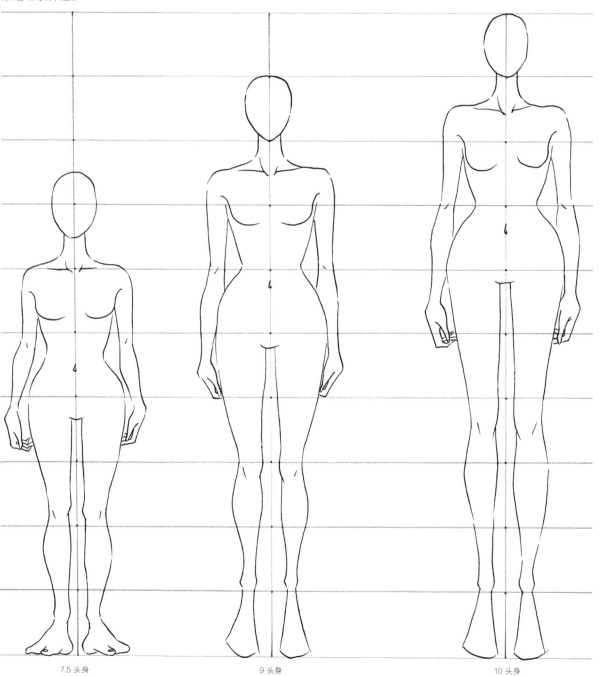

7.5 头身　　　　　　　　　　　　9 头身　　　　　　　　　　　　10 头身

# 2.2.1 女性人体比例的表现

演 示 视 频

女性人体外形的特点为骨架、骨节较小，脂肪较多，体形丰满，外轮廓线呈圆润柔顺的弧线。
针对女性人体比例的划分，我们可以从纵向比例和横向比例这两个方面进行解析。

从纵向比例来说，第 1 头长为头顶到下颌底的距离，第 2 头长为下颌底到胸部的距离，第 3 头长为胸部到腰部的距离，第 4 头长为腰部到臀部的距离，第 5 头长为臀部到大腿中部的距离，第 6 头长为大腿中部到膝盖的距离，第 7 头长为膝盖到小腿中部的距离，第 8 头长为小腿中部到脚踝的距离，第 9 头长为脚踝到脚尖的距离。

从横向比例上来说，女性肩宽约为 2 倍头宽，腰宽为 1 ~ 1.5 倍头宽，胯宽约为 2 倍头宽。

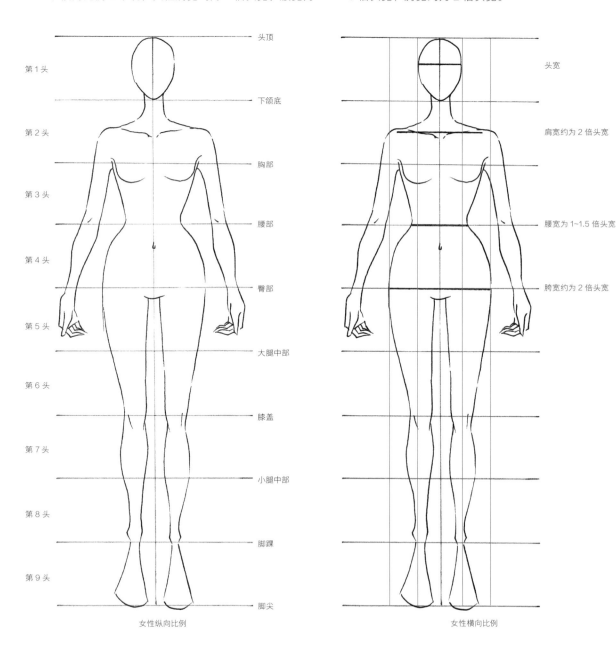

女性纵向比例

女性横向比例

针对人体比例的绘制与表现，这里以女性人体为例讲解一下，后面男性人体、儿童及青少年人体的绘制步骤与此大致相同。

### 绘制步骤

**Step1** 先绘制天地线。天线指的是头顶的位置，地线指的是脚踝的位置。考虑到后期要加画头发或头饰，天线的位置距离上纸边要有足够的空间，地线以下的空间约是天线以上空间的两倍。

**Step2** 以天线和地线为基础，绘制一条中垂直线。

**Step3** 绘制纵向比例线。将天线和地线之间的部分进行八等分，先找到二等分点，然后找到两个四等分点，接着确定4个八等分点。此处一定要注意，每一段的距离虽然不会完全精确，但至少肉眼看起来是均匀的。从地线向下平移一份，得到第9头。这种比例分法也被称为"八加一比例法"。

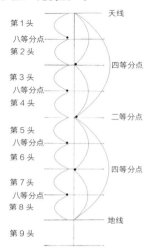

**Step4** 绘制头部。头部整体呈倒鸡蛋形，头宽为1/2～2/3个头长。

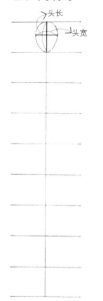

**Step5** 绘制肩线。找到第2头的二等分点，然后绘制一条水平线，并根据头宽（太阳穴的连线）确定肩宽（女性肩宽约为2倍头宽）。

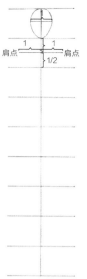

**Step6** 绘制脖子。从头宽的两个四等分点向下延伸到肩线。

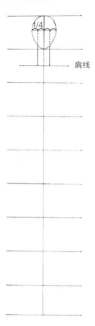

**Step7** 绘制肩膀。找到下巴到肩线的二等分点，将其与肩点相连。

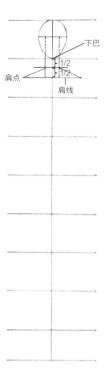

**Step8** 绘制胸腔。第 3 头和第 4 头的交界处为腰，根据横向比例确定腰宽（女性腰宽为 1 ~ 1.5 倍头宽），并且两侧分别与肩点连接。

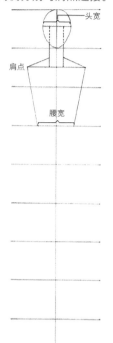

**Step9** 绘制腹腔。第 4 头和第 5 头的交界处为胯，根据横向比例确定胯宽（女性胯宽约为 2 倍头宽），并且两侧分别与腰部相连。

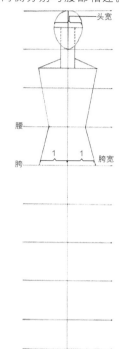

**Step10** 绘制手臂和手。手臂自然下垂时，手肘在腰线的位置，手腕在胯线偏下的位置。手的长度为 2/3 ~ 1 个头长。

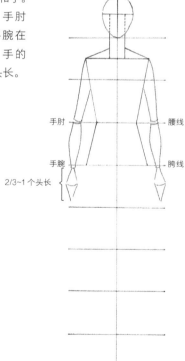

**Step11** 绘制腿和脚。模特的腿一般都很细，所以要在双腿之间留出空隙。脚的长度约为 1 个头长。

**Step12** 完善人体。首先找到裆的位置，大约在第 5 头的第 1 个四等分点。完成人体基本的组合之后，需要从头整理一遍线条，使其"肉体化"，成为各部位都相关联的关系体。将肩颈、肩点、腰及腹腔等位置圆润化，加强肌肉的肉感，并将关节处连接起来，强化膝盖、脚踝等处的骨感。

**Step13** 完善细节。加入锁骨、胸部及肚脐等人体细节。绘制时注意，锁骨的位置与肩线一致，由中垂直线向两侧延伸。胸部虽为球形，但通常正面的人体只需要画出两侧和下围的轮廓线即可，第 3 头的第 1 个三等分点约在胸下围的位置。肚脐的位置大约在第 4 头的第 1 个三等分点。

圆圈处均表示需要圆润化，过渡要自然

1/4 裆

第 5 头

膝盖

脚踝

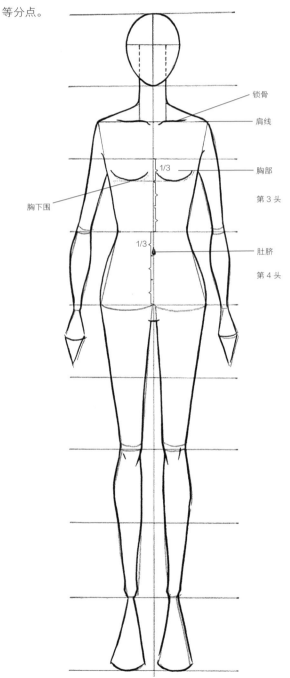

锁骨

肩线

1/3　胸部

胸下围

第 3 头

1/3　肚脐

第 4 头

此处要强调一下，因个体差异，以上讲解的查找和确定比例的方法只是一个参考标准。在具体的时装画绘制中，还是要从整体去进行把握，切忌生搬硬套。

## 2.2.2 男性人体比例的表现

男性人体外形的特点是骨架、骨骼较大，肌肉发达，外轮廓顺直，肩膀宽阔厚实，盆腔较窄，躯干呈倒梯形，手和脚偏大。

男性人体纵向比例与女性相同，只是横向比例有所区别，主要表现为男性肩宽为 2.5~3 倍头宽，腰宽为 1.5~2 倍头宽，胯宽为 1.6~2.1 倍头宽。（橘红线间距代表头宽，紫线间距代表肩宽，蓝线间距代表腰宽，绿线间距代表胯宽。）

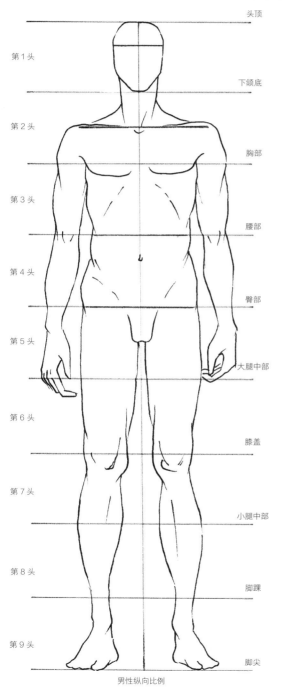

男性纵向比例

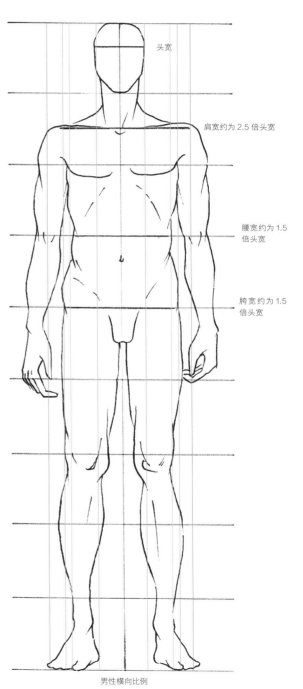

男性横向比例

## 2.2.3 儿童及青少年人体比例的表现

由于人的头部生长是比较缓慢的，而腿的生长速度几乎是躯干生长速度的两倍，因此幼童头部的大小和大童、少年甚至青年的相差不多。

一般来说，幼童的形体特点为体胖而腿短，身体比例为 4 头身。大童仍然较胖，但腿相对于幼童来说略长一些，身体比例为 5 头身。少年通常较瘦，且腿长，身体比例为 7 头身。青年的外形已经趋于成熟，身体比例为 7.5 头身至 9 头身。

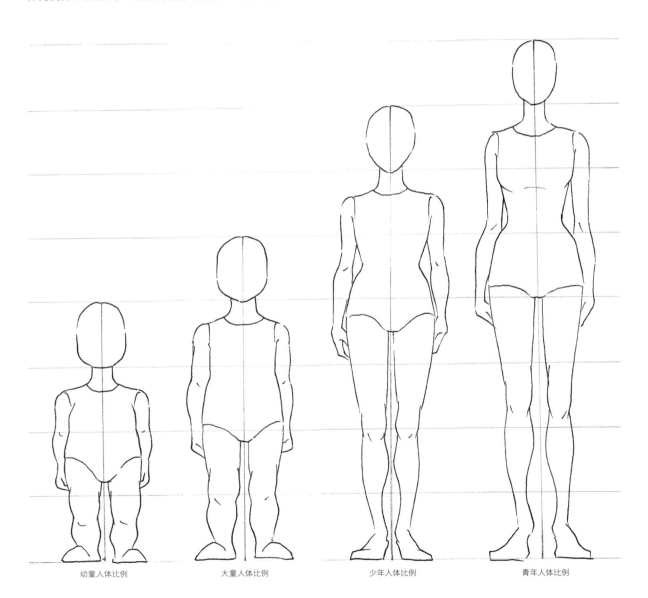

幼童人体比例　　　　　　　大童人体比例　　　　　　　少年人体比例　　　　　　　青年人体比例

# 2.3 人体动态的表现技法

在时装画绘制中，模特的造型多种多样。想要绘制好不同姿态的人体，就一定要掌握人体动态的基本知识。

## 2.3.1 人体动态原理分析

### ◇ 重心与垂直中心线

重心是人体重量的集中作用点。无论人的姿态发生何种变化，人体的各部位都围绕着这一点保持平衡。在绘制和表现人物动态时，只有先找准支撑动态的重心位置，才能把动态协调地表现出来。

垂直中心线是指人体在静止站立时，穿过胸锁窝、肚脐、耻骨点，并与地平线垂直的一条线。这条线将人体躯干分为左右对称的两个部分，反映了人体动态的特征和运动的方向。它是分析人物运动状态的重要依据与辅助线，并且始终是作为一条垂直线存在的。

当人体肩部平行于地面站立时，人体中心线和垂直中心线是基本重合的，这时的重心落在两脚之间。当人体肩部向一侧倾斜时，人体中心线和垂直中心线会分离，这时的重心将会落在承受力量的那只脚上。

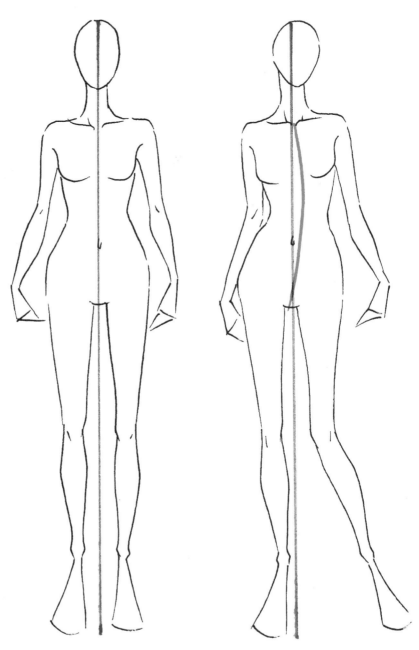

人体肩部平行于地面时　　　　　人体肩部向一侧倾斜时

## ◇ 动态线

人体动态富有变化。在学习时装画绘制时，我们除了要研究处于静止状态的人体姿势，还要研究人体的运动变化及其规律。动态线是表现人物动作特征的主线，一般体现在人体大的动势关系的变化上。我们一般将人体动态线归纳为"一竖（脊柱线）+两横（肩线与胯线）+四肢（上肢与下肢）"。

当人体处于直立状态时，重心线和脊柱线重合；当人体躯干弯曲时，两线分离，且脊柱线呈弧形（也可画成两条线段），而垂直中心线始终是一条垂直线。在绘制肩线与胯线时要注意其倾斜程度，不可太过夸张。上肢动态线穿过上臂、前臂及手，下肢动态线穿过大腿、小腿及脚，线条应准确、干净，快速绘制。

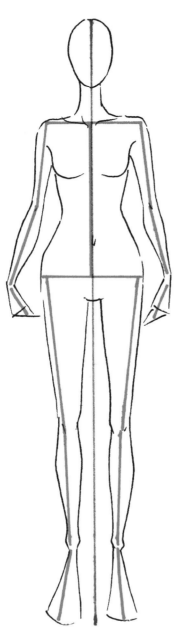

人体处于直立状态时

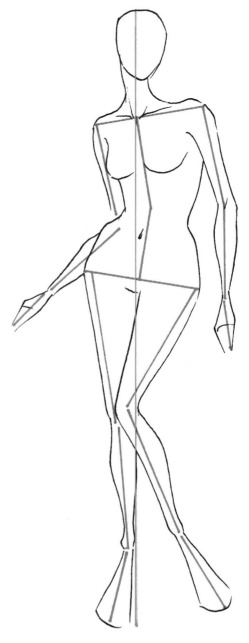

人体躯干弯曲时

在准确地画出重心所在的腿的姿态的情况下，无论另一条腿的姿态如何变化，都不会影响躯干的整体效果。

当人体直立时，肩线与胯线呈平行状态，但当人体进行运动或扭转时，肩线和胯线会呈一定的角度。肩线与胯线之间的角度越大，身体扭动的幅度就越大，动态交错的幅度相对就越大，动态就越夸张。此外，两个膝盖的倾斜方向与胯部的倾斜方向一致。例如，假设人的重心落在右脚上，盆骨右侧拉高，胯线就由右侧向左下方倾斜，肩线则向相反的方向倾斜，如此人体才能保持平衡。

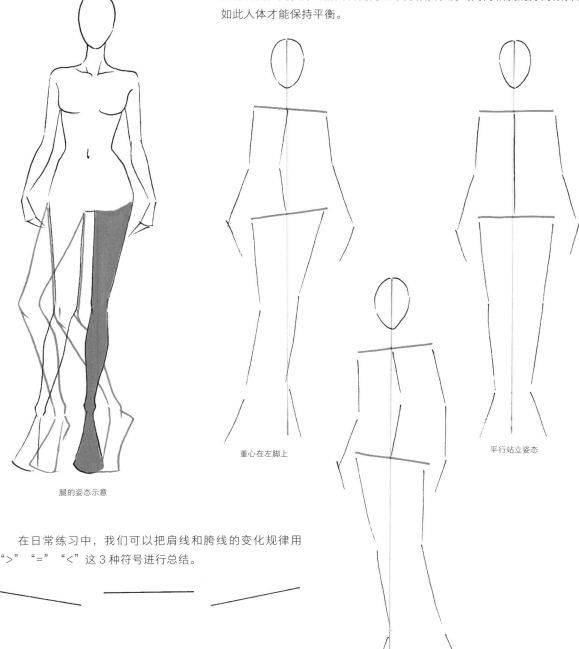

腿的姿态示意

重心在左脚上

平行站立姿态

重心在右脚上

在日常练习中，我们可以把肩线和胯线的变化规律用">""=""<"这 3 种符号进行总结。

## 2.3.2 常见人体动态的表现方法

在时装画中，人体动态的表现以能突出服装设计的重点部位，充分表现款式、结构造型的姿态为佳，并且一般以全身表现为主。同时，由于存在个体差异，前面教大家的比例方法只能作为参考，一旦姿势发生改变，位置也会发生变化。基于此，本节以正面直立的动态人体为例，教大家人体动态的基本表现方法。在熟练掌握了正面人体动态的基本表现方法之后，再对多种人体动态进行观察和练习，对动态进行整体把控，画出自然舒适的人体动态。

### ◇ 人体基本动态的表现方法

模特展示服装的姿态通常为正面站立、叉腰、行走等，不管什么姿态，绘制顺序均为"比例参考线—头部—动态线—简体—关系体"，由简到繁，由硬到软。人体基本动态的表现可以通过以下 8 个步骤来完成。

演 示 视 频

**Step1** 绘制一个 9 头身纵向比例线。

**Step2** 绘制头部、肩线、胯线、脊柱线及四肢线。特别注意肩胯倾斜导致的手肘及膝关节位置的移动。

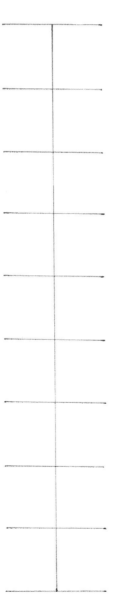

**Step3** 绘制胸腔、腹腔的几何形。

**Step4** 绘制脖子、上臂、前臂、大腿及小腿的几何形。

**Step5** 绘制肩、手和脚的几何形。

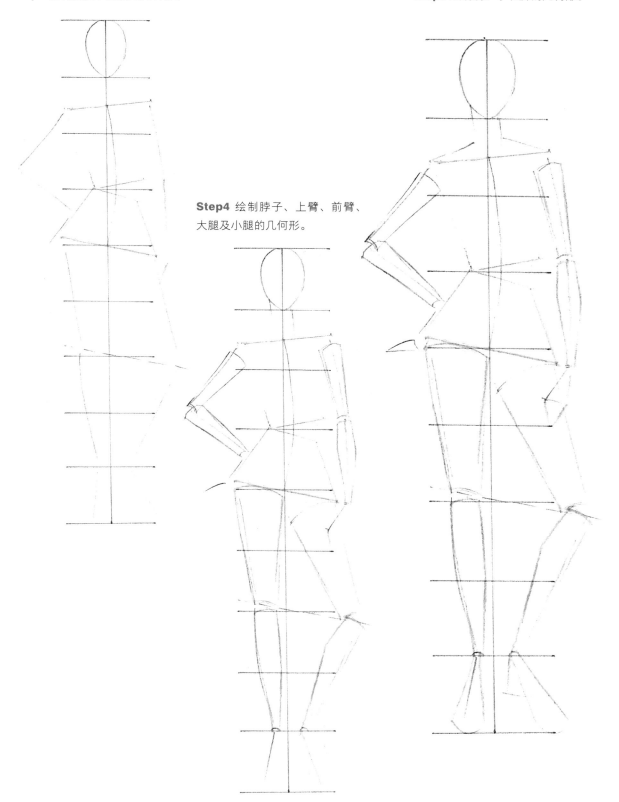

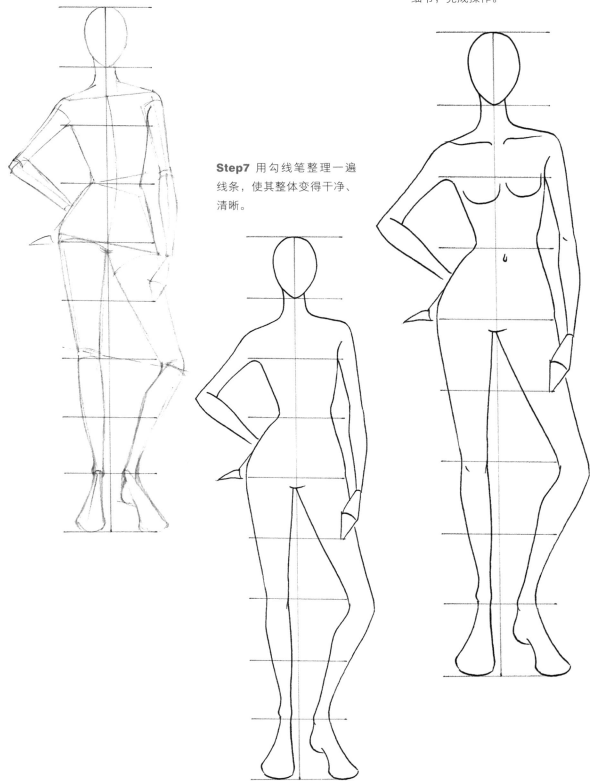

**Step6** 将简体进化为关系体。

**Step7** 用勾线笔整理一遍
线条，使其整体变得干净、
清晰。

**Step8** 添加锁骨、胸及肚脐等
细节，完成操作。

## ◇ 常见的站立式动态的表现方法

在时装画绘制中，最常见的是正面站立式动态，有时也采用半侧面、正侧面或背面站立式动态，具体可根据需要进行选择和运用。

演 示 视 频

正面人体动态表现

半侧面人体动态表现

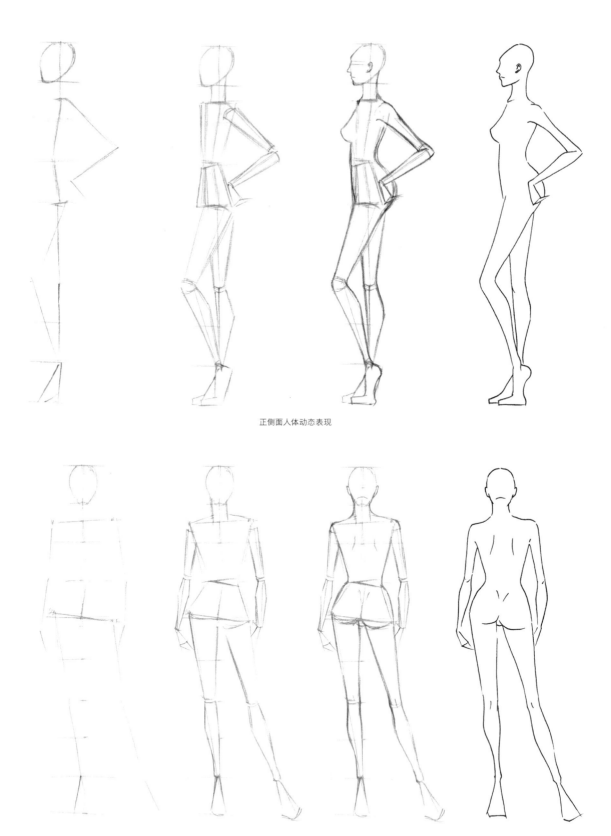

正侧面人体动态表现

背面人体动态表现

## ◇ 常见的行走式动态的表现方法

人在走动时，通常表现为肩胯微倾、双腿一前一后的状态，重心通常落在某一条腿上，绘制时需要多加思考。

演 示 视 频

行走式动态表现

## ◇ 特殊动态和自设动态的表现方法

　　不管表现什么样的人体动态，我们都可以通过绘制比例线、垂直中心线及动态线、简体、关系体来完成。其中，确定人体重心这一步是比较关键的。只要确定好重心，我们就可以绘制出稳定的动态。

特殊动态表现

自设动态表现

# 第 3 章
## 时装画线稿与服装平面款式结构图表现技法

在掌握了人体的表现技法之后，我们可以开始学习如何在人体的基础上添加服装了。人体不同的动态或角度、面料的厚薄等因素都会导致服装的线条发生变化，因此我们要先了解服装与人体的关系、人体动态与衣褶的关系，再学习服装褶皱的基本表现方法、时装画线稿的绘制，以及服装平面款式结构图的绘制与表现。

# 3.1 时装画线稿表现技法

在画时装画线稿时，要先弄清楚人体的姿态和转动的角度及其对面料所产生的影响。人体的结构、比例、动态准确是绘制着装人体的基础。在画时装画时，除了掌握人体结构，更重要的是通过线条、色彩和各种技法表现服装在人体身上穿着时的状态，准确地表现服装的廓形、结构、款式及细节等。

在画服装效果图时，每一笔都要有所表达，要用线条的虚实表现出服装与人体之间的贴合或悬空关系，用褶皱表现出人体的扭动和转折状态。面料的悬垂性是服装设计的关键因素之一，其决定着服装与人体之间的空间关系。通过线条的数量、疏密、虚实等，可以表达不同质感的面料。

## 3.1.1 服装、人体与褶皱的关系

人体是凹凸有致且有动态的，因此当服装穿着在人体上，必定会对面料产生支撑、拉扯或挤压等作用。服装线条的表现有三大类：第一，廓形线，即服装的轮廓线条；第二，结构线，即服装内部的分割线及款式结构线；第三，褶皱线，即面料以人体结构支撑点悬挂时产生的柔和线条，或因人体动态、款式设计产生的面料动态线。

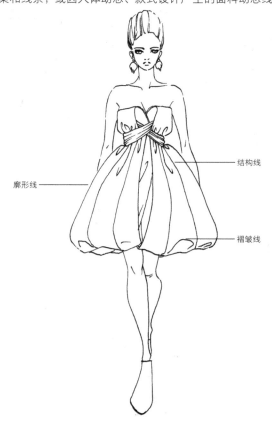

结构线

廓形线

褶皱线

---

▼　服装穿着在人体上时，会产生非常多的褶皱线条，在绘制时装画时一定要对其进行归纳，切忌杂乱。绘制褶皱前要先厘清褶皱与面料、人体、力之间的关系。每一个褶皱都应该从立体的角度进行思考，明确其形态和走向，而不是随意、杂乱地表现。

◇　**褶皱和面料之间的关系**

在绘制褶皱前，我们要知道不同类型的面料产生的褶皱形态是不同的。例如，轻薄或柔软的面料（如真丝或雪纺等）穿着在人体上会产生较多的褶皱，而厚重或硬挺的面料（如山羊毛的大衣或西服面料）在同等受力的情况下形变相应较少，褶皱也相对较少。

◇　**褶皱和人体动态之间的关系**

要想画好时装画，对服装各部位的褶皱特点的研究是十分必要的。而在面料需要被裁剪来覆盖人体时，要保证留出足够的空间让人可以自由活动，所以需要考虑到人体的曲线和动态。

◇　**褶皱与力之间的关系**

从力学上说，衣服穿在人体上，主要的受力为地心引力和人体本身的支撑力。所以在画时装画时，我们大概要知道这两个力是怎么对衣服的褶皱产生影响的，以及是如何决定褶皱的走向的。

## 3.1.2　服装褶皱的基本表现方法

演　示　视　频

在时装画绘制中，很多时候我们会遇到因服装褶皱太多而无从下手的情况。这时候我们需要主观地对褶皱线进行归纳，提取主要的、长的线条，筛掉太琐碎的、细小的线条。

◇　**表现褶皱的线条**

在时装画绘制中，我们可以用普通实线、划线、钩线及渐变线等线条表现不同的褶皱。

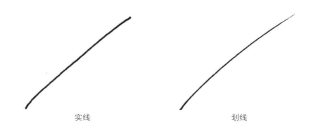

| 实线 | 划线 | 钩线 | 渐变线 |

◇　**常见的褶皱分类**

在时装画绘制中，常见的褶皱分为以下 5 种。

» **管状褶**

管状褶常见于连衣裙及半裙中。面料以人体上某个部位作为悬挂点，自然垂落。

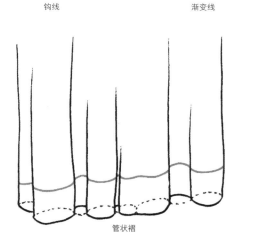

管状褶

## » 荷叶褶

荷叶褶同样是以人体上某个部位作为悬挂点，自然垂落，但其下边缘与管状褶完全不同，通常呈 S 形。

荷叶褶

## » 联结褶

联结褶是压力使布料某个部分相互挤压，形成凹陷和凸起，并向周围发散开来而形成的褶皱，常出现在结构转折处，如弯曲的手肘内侧或弯曲的膝盖内侧。

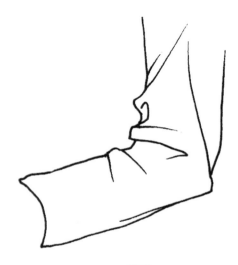

联结褶

## » 悬垂褶

悬垂褶类似于用双手拿起一块柔软的布料，抓着两个角让中间部分垂下来而形成的褶皱。悬垂褶是一系列悬挂于两点的管状褶由于重力作用在中间自然垂落形成的弧形褶皱。

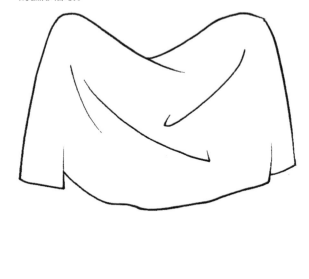

悬垂褶

## » 螺旋褶

螺旋褶是面料在柱状结构上堆积而产生的褶皱。面料相互层叠挤压会产生斜向的、环绕于人体柱状结构处的螺旋折痕，如撸起的袖子或小腿上松散的袜子等。

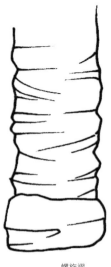

螺旋褶

# 3.1.3 时装画线稿的绘制方法

在学习时装画线稿绘制之前，我们要注意 3 个问题：首先是构图要符合标准，根据纸张的大小将人物定位在画面的中间位置，这是最常规也较美观的构图方法；其次是要对人体比例、结构、动态及重心有准确的把控；最后是纸张的大小决定着绘制细节的多少。在时装画绘制中，很多时候我们会因为纸张不够大而无法将所有的细节都绘制出来，这时候要学会舍次求主，如五官的绘制。

接下来，我们通过一个完整的案例来学习一下时装画线稿的绘制。

**绘制步骤**

**Step1** 绘制 9 头身纵向比例线。绘制时注意构图，并将上下空间留够。

**Step2** 找准重心，绘制头部和动态线（包含肩线、脊柱线、胯线和四肢线）。

**Step3** 将胸腔、腹腔等大结构确定一下。

**Step4** 绘制出服装的大轮廓。

▼ 此处需注意，若是动态线画准了，可以不用绘制被服装遮挡的人体结构细节，但关键的关节、骨点和裸露部分的结构还是需要绘制完整的。

**Step5** 绘制裸露在外的手指、腿和脚。

**Step6** 绘制五官和发型。

**Step7** 细化服装的内部结构及褶皱，特别是一些能显示服装材质的线条要画清晰。

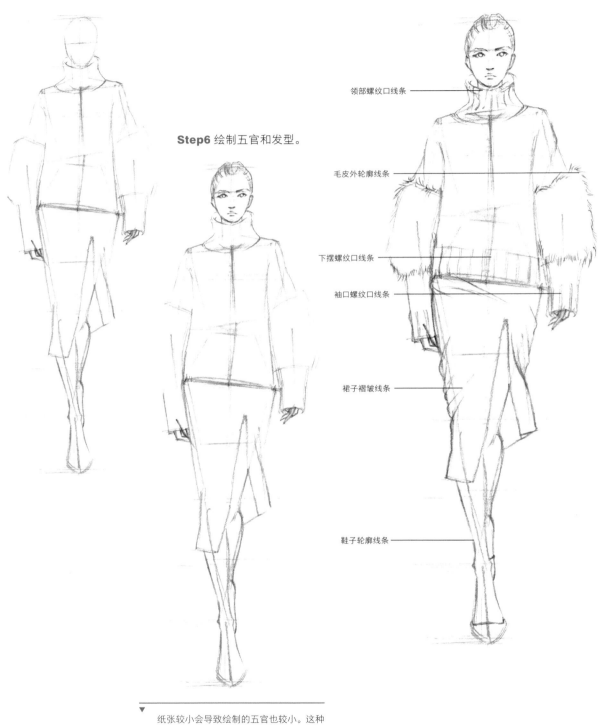

领部螺纹口线条

毛皮外轮廓线条

下摆螺纹口线条

袖口螺纹口线条

裙子褶皱线条

鞋子轮廓线条

▼ 纸张较小会导致绘制的五官也较小。这种情况下，我们需着重对眉毛、上眼睑、鼻头、鼻孔、嘴角等主要结构进行绘制，而对下眼睑、鼻翼等一些次要结构进行省略处理。

**Step8** 用勾线笔勾勒整体外轮廓及内部结构。

**Step9** 将铅笔线条擦除，再加入一些线条完善细节。

# 3.2 服装平面款式结构图的绘制与表现

　　服装平面款式结构图（也称服装平面图、款式图或服装工艺结构图）是以平面的形式准确无误地表现服装廓形、结构、款式、工艺及细节等，以方便服装生产部门使用为主要目的的一种时装画。

　　由于服装的正反面的结构线通常是不一样的，我们在绘制每一件单品的服装平面款式结构图时都需以正反面来展示。作为一名服装设计师，既要能准确地把握服装的整体风格，又要能熟练驾驭成衣的款式特征，使服装平面款式结构图更好地为生产服务。

　　服装平面款式结构图不需要绘制人体，只需要表现出服装的款式即可。在绘制服装平面款式结构图时，比例结构要合理，线条要清晰明确，且画风要严谨。

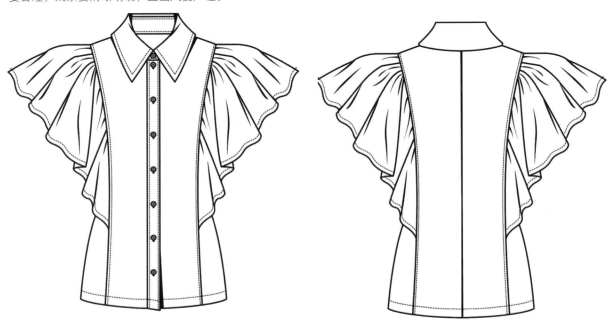

## 3.2.1 服装平面款式结构图的意义

　　服装平面款式结构图在行业中应用的意义主要表现为以下 3 个方面。

　　服装平面款式结构图在企业生产中起着样图和规范指导的作用。在服装企业里批量生产服装的流程很复杂，每一道工序的生产人员都必须根据我们所提供的样品及样图进行操作，不能有丝毫改变（公差允许在规定范围内），否则就可能导致返工。

　　服装平面款式结构图是服装设计师意念构思的表达。在设计服装时，服装设计师都会根据实际需要构思出服装款式的特点，然后将其转化为现实。服装平面款式结构图就是将构思转化为现实的表达方式。甚至有些服装企业会要求设计师绘制上色的服装平面款式结构图，而不用绘制带模特的服装效果图。

　　绘制服装平面款式结构图比绘制服装效果图简单，平面款式结构图能够快速地把服装的特点表现出来，有时甚至可以让人通过款式特征和具体的结构线条判断出面料的品种。在看时装发布会或进行市场调查时，如果我们需要快速记录服装的特点，一般都会通过画服装款式图来完成。

## 3.2.2 服装平面款式结构图的绘制规范及要求

服装平面款式结构图的绘制规范及要求包含以下 5 个方面。

◇ 比例

比例在服装平面款式结构图中是非常重要的。在一套服装搭配中，多件服装之间存在尺寸上的联系。准确的比例能够直观地反映出一套服装中各个单品之间的搭配关系，因此一套服装里的每一件单品都要使用同一比例尺。

在每件单品的服装平面款式结构图中，整体与局部、局部与局部之间都要有准确的比例关系。在表现廓形的比例时，要注意衣身长度与宽度的关系、衣长与袖长的关系、领宽与肩宽的关系、肩宽与下摆宽的关系等。在表现款式结构的比例时，要注意领口的长宽与形状、口袋的位置与大小，以及辑线的轨迹与宽度等。

## ◇ 对称

沿人的眉心、人中和肚脐画一条垂直线，并以这条垂直线为中心，可以看到人体的左右两部分是对称的，所以服装的主体结构一般是对称的。在服装平面款式结构图的绘制过程中，我们一定要注意服装的对称规律。

## ◇ 款式特征及工艺细节表现

当遇到一些比较复杂的细节设计时，可以绘制局部图，必要的时候还应画出服装内里的图样。

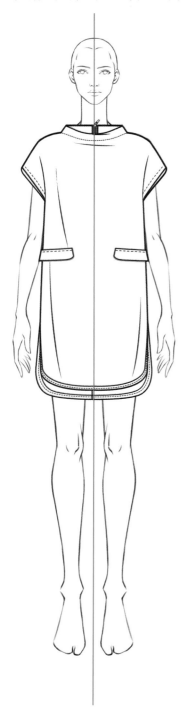

◇ 构图方式

　　服装平面款式结构图通常采用的构图方式是正反面并列，或是斜向错位。正反面款式图也可局部重叠，但注意不能遮挡关键的设计部位。一般正反面款式图大小相同，在某些情况下，背面款式图也可比正面款式图小一些。

◇ 线条表现

　　服装平面款式结构图一般是由线条绘制而成的，所以在绘制过程中一定要注意，线条要保持准确、清晰和肯定，不可以模棱两可，否则会使服装制图人员和打样人员误解。

　　在绘制服装平面款式结构图的过程中，最理想的方式是把轮廓线、结构线和装饰线等线条区分开。一般我们可以利用 4 种线条来绘制服装平面款式结构图，即粗线、中粗线、细线和虚线。粗线主要用来表现服装的外轮廓；中粗线主要用来表现服装的大的内部结构；细线主要用来刻画服装的细节部分和一些结构较复杂的部分；虚线可以分为很多种类，在服装平面款式结构图中主要用于表示服装辑明线。

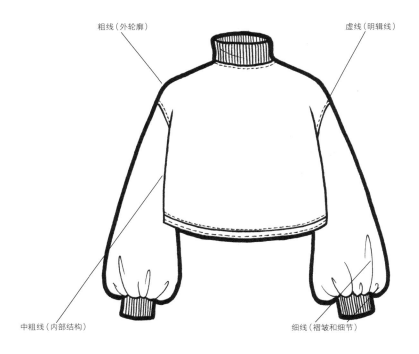

粗线（外轮廓）　　　　　　　　　　　　虚线（明辑线）

中粗线（内部结构）　　　　　　　　　　细线（褶皱和细节）

# 3.2.3 服装平面款式结构图的绘制流程

演 示 视 频

为了满足工业生产的需求，服装平面款式结构图的绘制要以实际人体数据为依据，并符合人体比例。服装平面款式结构图绘制的流程一般是先根据人体比例标准绘制出一个比例框架，然后在此基础上绘制符合人体比例的服装平面款式结构图。

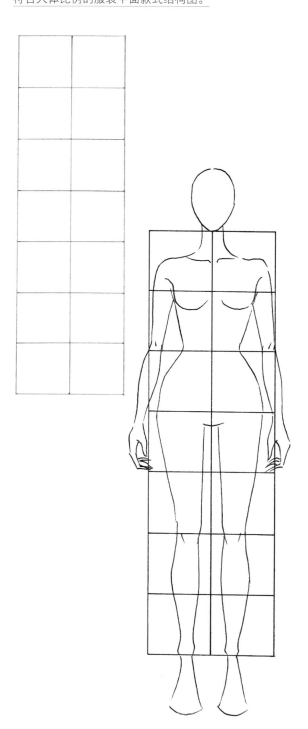

接下来，我们以一个上衣平面款式结构图为例，讲解一下服装平面款式结构图的绘制流程。

### 绘制步骤

**Step1** 以实际女性人体比例结构为参考（一般女性的肩宽为38cm，背长为38cm，腰臀差为18cm），绘制一个宽38cm、长56cm（38cm+18cm）的长方形。然后将长方形横向二等分，得到中心线FC，同时将长方形纵向三等分，得到肩线S、胸围线B、腰节线W及臀围线H。

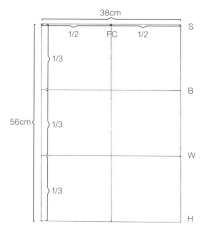

**Step2** 将腰节线W横向六等分，再分别把靠外侧的1/6部分二等分。穿过两个二等分点作垂直线，同时将垂直线分别延长至上下边框。之后我们可以把中心线FC到左右边框的距离设为△，垂直线到相应一侧边框的距离则用△/6表示。

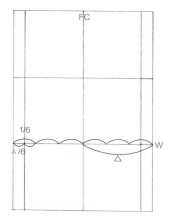

**Step3** 将去掉两个△/6 的肩线进行六等分，两边各以中心线 FC 两边的两个六等分点为肩颈点。再从肩线 S 的两端分别向下找到一个△/6 点（肩点），与肩颈点相连得到 S'。在腰线 W 上以最外侧的两个六等分点作为腰点，分别与臀围线 H 的两个外侧点相连，得到腰臀连线。

**Step4** 将肩点与腰点相连，作为上衣廓形线。将中心线 FC 向上延伸△/6 的距离，通过该点作水平线，经过两个肩颈点画两条垂直线，将两条垂直线间的水平线八等分，分别把靠外的两个八等分点与肩颈点相连，得到基准脖颈线。

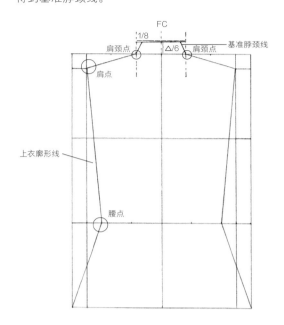

**Step5** 以肩点为圆心，以肩点到腰点的距离为半径画圆，可得到手肘的运动轨迹；以肩点为圆心，以肩点到臀围点的距离为半径画圆，可得到手腕的运动轨迹。至此，我们得到了一个上衣款式的基本模型。

**Step6** 根据上衣的基本模型，可以设计出各种上衣款式。

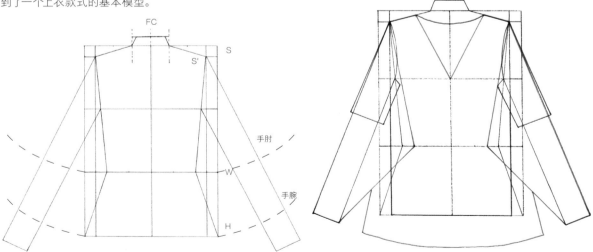

▼　在绘制服装平面款式结构图的过程中，一定要考虑服装的款式结构和工艺。同时，还要了解服装中的肩、胸、腰及臀的宽窄变化会对服装廓形产生哪些影响，以及款式内部的零部件（如口袋、腰带及纽扣等）所在的位置及比例关系。

## 3.2.4 不同类型的服装平面款式结构图的绘制

    不管绘制什么品类的服装平面款式结构图，我们都要从廓形开始，先确定好领高、领宽、领深、肩宽、衣长、袖长、袖肥，或是腰头、裤裆、裤长、裤型、裙长及裙型等，决定廓形的位置，然后细化内部的门襟、结构线、分割线、省道、褶皱及明辑线等。首先用粗线勾勒轮廓，然后用中粗线勾勒内部结构，接着用细线绘制褶皱和细节，最后用虚线勾勒明辑线。

    下面，笔者将讲解不同类型的服装平面款式结构图的具体绘制方法。

### ◇ 衬衫平面款式结构图的绘制

    这里选择一件不对称的短袖衬衫进行示范。在绘制时，需要特别注意衬衫的结构，同时要保持明辑线的流畅和清晰。

演 示 视 频

**Step1** 绘制上衣的领型及外轮廓，确定肩宽、衣长和袖长。

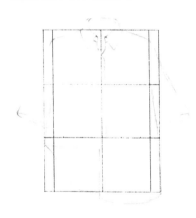

**Step2** 细化门襟、袖笼、口袋及褶皱等的形态。

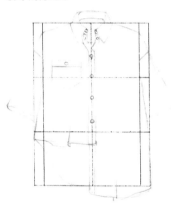

**Step3** 用粗线勾勒外轮廓。

**Step4** 用中粗线勾勒领型、门襟及口袋等内部结构。

**Step5** 用细线刻画纽扣、扣眼及面料褶皱等细节。

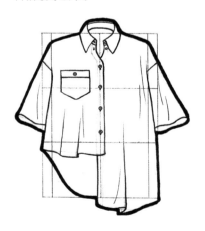

**Step6** 用虚线绘制所有的明辑线。

## ◇ 外套平面款式结构图的绘制

常见的外套款式有夹克、风衣、大衣、西装等。这里选择一件夹克进行示范。在绘制时，需要特别注意夹克的廓形和细节装饰部分的表现。

演 示 视 频

**Step1** 绘制夹克的领型及外轮廓，确定肩宽、衣长及袖长。

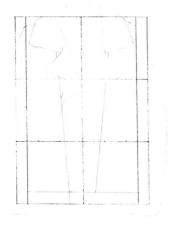

**Step2** 细化门襟、袖笼、手肘补丁及袖口等的形态。

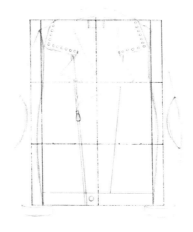

**Step3** 用粗线勾勒外轮廓。

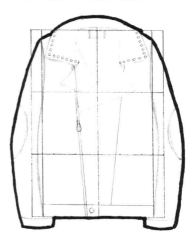

**Step4** 用中粗线勾勒翻领、门襟、袖笼、手肘补丁及口袋等内部结构。

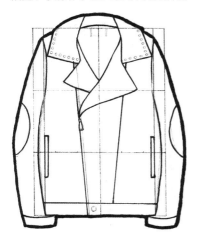

**Step5** 用细线刻画领标、铆钉、拉链及纽扣等细节。

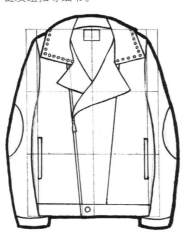

**Step6** 用虚线绘制拉链的纹路及夹克所有的明辑线。

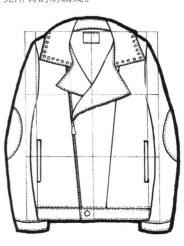

## ◇ 裤子平面款式结构图的绘制

常见的裤子款式有牛仔裤、阔腿裤、短裤及束脚裤等。这里选择一条九分羊毛阔腿裤进行示范。在绘制时，需要特别注意裤子的筒形和腰的细节结构的表现。

**Step1** 绘制裤子的腰头及外轮廓，确定裤肥和裤长。

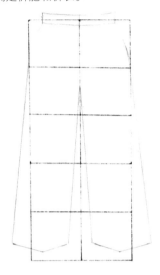

**Step2** 细化裤门襟、裤袢及口袋等的形态。

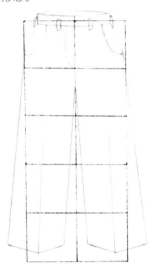

**Step3** 用粗线勾勒外轮廓。

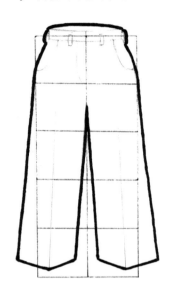

**Step4** 用中粗线勾勒裤门襟、裤袢及口袋等内部结构。

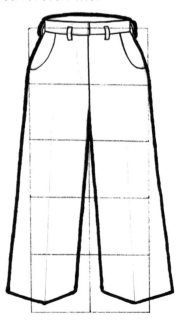

**Step5** 用细线刻画裤子的挺缝线及褶皱等细节。

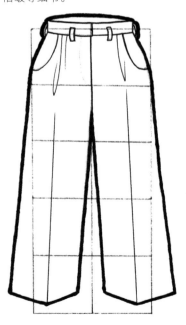

**Step6** 用虚线绘制裤子所有的明辑线。

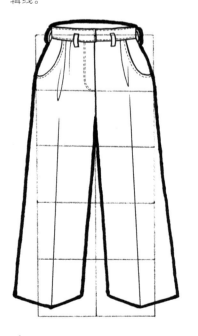

## ◇ 半裙平面款式结构图的绘制

常见的半裙款式有百褶裙、包裙、伞裙、鱼尾裙等。这里选择一条牛仔松紧腰半裙进行示范。在绘制时，需要特别注意裙摆的弧度和腰部紧身效果的表现。

演 示 视 频

**Step1** 绘制半裙的腰头及外轮廓，确定裙摆的宽度及裙长。

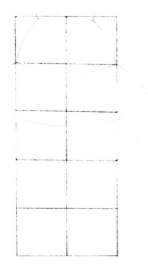

**Step2** 细化裙摆、口袋等的形态。

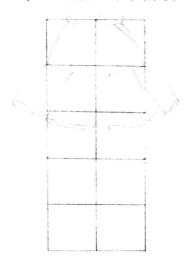

**Step3** 用粗线勾勒外轮廓。

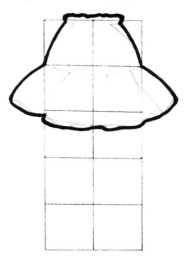

**Step4** 用中粗线勾勒腰头、口袋等内部结构及裙片分割线。

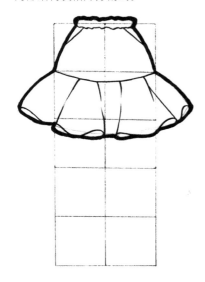

**Step5** 用细线刻画腰部的松紧带及裙摆褶皱等细节。

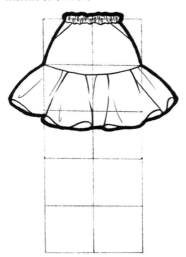

**Step6** 用虚线绘制半裙所有的明辑线。

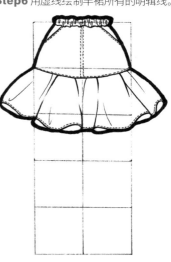

## ◇ 连衣裙平面款式结构图的绘制

　　常见的连衣裙款式有吊带连衣裙、衬衫连衣裙、法式复古连衣裙及抹胸连衣裙等。这里选择一件挂脖无袖高腰连衣裙进行示范。

演 示 视 频

**Step1** 绘制连衣裙的领型及外轮廓，确定腰宽、裙摆宽及裙长。

**Step2** 细化裙摆及褶皱等的形态。

**Step5** 用细线绘制连衣裙的褶皱细节。

**Step3** 用粗线勾勒外轮廓。

**Step4** 用中粗线勾勒上衣、腰部结构及裙摆的大褶皱。

# 第 4 章
# 彩铅的基本上色技法

彩铅即彩色铅笔，便于携带，能够应用于多种表现形式，是设计师常用的手绘表现工具。彩铅的表现技法看似简单，但其实只有遵循一定的规律，才能真正发挥它的作用。本章主要从笔触、涂色、明暗、混色及渐变等方面讲述油性彩铅的上色技法，同时从加水上色、渐变晕染、干湿画法与晕染技巧的组合使用等方面讲述水溶性彩铅的上色技法。

# 4.1 油性彩铅的上色技法

彩铅相对于其他上色工具来说较容易掌握，因此也是时装画上色的入门工具之一。本节主要从笔触、涂色、明暗、混色和渐变这 5 个方面讲解油性彩铅的上色技法。

## 4.1.1 油性彩铅的笔触表现

彩铅的基本笔触主要靠握笔方式的变化、笔杆与纸张的角度变化，以及笔压的变化营造不同的绘制效果。使用油性彩铅表现的笔触有以下 4 种形式。

**竖握笔表现的笔触：**将彩铅垂直放，用笔尖画出较细、较实的线条。此类笔触适合勾线或刻画细节时使用。

**正常握笔表现的笔触：**像平时写字一样握笔，可以画出一些较粗、较实的线条。

**横握笔表现的笔触：**将彩铅横放，使笔杆贴近纸面，用彩铅的侧锋画出较粗、较虚的线条。此类笔触适用于大面积平涂上色。

**转笔表现的笔触：**在绘画过程中转动笔杆、变化笔压，可以画出粗细、虚实有变化的线条。

竖握笔表现的笔触　　　　　　正常握笔表现的笔触　　　　　　横握笔表现的笔触　　　　　　转笔表现的笔触

## 4.1.2 油性彩铅的涂色表现

涂色技法是彩铅技法中较基础也较重要的一部分。除了握笔方式的变化、笔杆与纸张的角度变化及笔压的变化，我们还可以通过借助媒介及改变绘制方式实现不同的绘制效果。

使用油性彩铅涂色有以下 12 种形式。

**侧锋平涂：**用彩铅的侧锋均匀地涂出色块。

**渐变平涂：**类似侧锋平涂，只不过在平涂过程中加入笔压的变化，可由轻到重、由重到轻或根据需求进行变换，从而制造出渐变的上色效果。

**排线：**用彩铅均匀排线，要求彩铅的笔头保持比较尖锐的状态。

**排线晕染：**排完线之后借助媒介将色块进行涂抹晕染，可以营造出较为朦胧、轻柔的效果。媒介可以是纸擦笔、棉签、卫生纸及手指等。

力度均匀

由轻到重

由重到轻

均为流畅、干净的线条，下笔要又快又准

排线的轻重不同，晕染出的色块效果也不同

侧锋平涂　　　　　　　　　　渐变平涂　　　　　　　　　　排线　　　　　　　　　　排线晕染

**平涂晕染：**侧锋平涂之后借助媒介对色块进行晕染，可以使色块变得虚化、模糊。

**粉末晕染：**先用美工刀将彩铅削成粉末，再借助媒介涂抹晕染，可得到非常轻薄、朦胧的质感。

**小点描：**立握笔，用彩铅的笔尖在纸上敲出细密的小点。

**长点描：**也叫大点描。正常握笔，用彩铅的笔尖在纸上敲出细密的长点。

**排碎线：**保持彩铅笔头尖锐的状态，正常握笔，绘制出一组一组的小碎线。排碎线适用于编织面料的上色。

**螺旋线：**以绕圈的形式涂色，可根据需要调整线条的粗细、虚实。

**钩线：**正常握笔，在纸上绘制出类似鱼鳞的效果。

**划线：**正常握笔，保持彩铅的笔头尖锐，快速、干脆且有气势地画出线条。起笔实，收笔虚。

平涂时力度不同，晕染出的
色块效果也不同

粉末的多少不同，晕染出的色
块效果也不同

平涂晕染　　　　　　　　　　粉末晕染　　　　　　　　　　　小点描　　　　　　　　　　　　长点描

排碎线　　　　　　　　　　　螺旋线　　　　　　　　　　　　钩线　　　　　　　　　　　　　划线

## 4.1.3　油性彩铅的明暗表现

演 示 视 频

　　在使用彩铅进行上色时，画面的明暗变化通常通过线条粗细的变化、线条间距的变化及叠加层数的不同来表现。线条排得越密集，叠加的层数越多，阴影就越浓重。不过，在使用油性彩铅进行多层叠加上色时，应注意避免出现结块或打滑的情况，这与彩铅本身的质量和纸张的材质有关系。

　　使用油性彩铅表现明暗有以下 4 种形式。

**平涂叠加：**利用侧锋平涂的方式叠加多层颜色。每叠一层都从相同的位置开始，逐层加大笔压，颜色就会越来越深。

**平行线叠加：**利用排线的形式叠加多层颜色，需要保持彩铅的笔头尖锐。层数越多，颜色越深。

**交叉线叠加：**同样是排线叠加，只是每一层的方向有所不同。层数越多，颜色越深。

**平涂 + 排线：**先侧锋平涂出底色，在此基础上进行排线叠加。层数越多，颜色越深。

平涂叠加　　　　　　　　　　平行线叠加　　　　　　　　　　交叉线叠加　　　　　　　　　　平涂 + 排线

## 4.1.4 油性彩铅的混色表现

演 示 视 频

　　油性彩铅虽然不能像颜料一样加水调色，但通过技法的运用也可实现一定程度上的混色效果。颜色的交织、不同色块之间的对比，可以产生更有美感和生命力的色彩。

　　使用油性彩铅进行混色表现有以下 3 种形式。

　　**排线混色：**通过排线的技法，先排出黄色线条，再排出红色线条，并使红色线条与黄色线条相交，相交的部分则变为橙色。

　　**平涂混色：**通过平涂的技法，先平涂出黄色色块，再平涂出红色色块，并使红色色块与黄色色块相交，相交的部分则变为橙色。

　　**粉末混色：**用美工刀在纸上分别削出红色彩铅粉末和黄色彩铅粉末，并借助媒介将两者混合，得到橙色。

| 排线混色 | 平涂混色 | 粉末混色 |

▼ 不同颜色重叠的部分需要稍多一些，这样过渡出的色彩效果更加自然。

## 4.1.5 油性彩铅的渐变表现

演 示 视 频

　　渐变画法在彩铅绘画中较常用。它以平涂为基础，用单色或者多色，通过控制下笔的力度、运笔的方式及铺色的面积做出各种不同的渐变效果，从而增强画面的层次感。

　　使用油性彩铅表现渐变有以下两种形式。

　　**单色渐变：**利用平涂或排线的技法，通过笔压的变化由浅到深地叠加出渐变的色块。

　　**多色渐变：**选择同一色系的 3 支或 3 支以上彩铅，利用平涂或排线的技法由浅到深地叠加出渐变的色块。这种方法叠加出的色块层次更加丰富，立体感也更强。

单色渐变　　　　　　　　　　　　　　　　多色渐变

# 4.2 水溶性彩铅的上色技法

用水溶性彩铅上色后，用毛笔蘸取少量水涂在色彩上，铅笔粉末会融化，呈现出类似水彩的效果，并且几乎看不出铅笔的线条痕迹。不过，在不加水的情况下使用水溶性彩铅上色，和油性彩铅不会有太大差别。

在使用水溶性彩铅上色时，如果要加水，一定要选择水溶性彩铅专用纸或水彩纸，否则加水后纸面很容易起皱变形。同时，在必要时还应该事先裱纸。

## 4.2.1 水溶性彩铅非晕染加水上色技巧

演 示 视 频

水溶性彩铅非晕染加水上色的基本方式有用笔尖蘸水上色和在湿纸上上色两种。根据上色方式的不同，表现出来的颜色效果也会有所不同。

◇ **用笔尖蘸水进行上色**

可以用水溶性彩铅的笔头直接蘸水上色，也可以用毛笔将彩铅的笔芯涂抹湿润后上色。

下面是不蘸水和蘸水上色的效果对比图，我们可以很明显地感受到，蘸水的彩铅绘制出的色彩比不蘸水的更加鲜艳、浓郁，并且可以呈现出一些肌理效果。

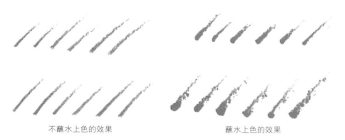

不蘸水上色的效果        蘸水上色的效果

◇ **在湿纸上进行上色**

可以先用毛笔将纸面刷湿，然后用水溶性彩铅在湿润的纸面上绘制。同样的，这种技法得到的色彩比在干纸上进行绘制得到的色彩更加浓郁。以下左图所示为水溶性彩铅在干纸上的绘制效果，右图所示为水溶性彩铅在湿纸上的绘制效果。在使用这种方式进行上色时，需注意刷在纸上的水量要依据纸张的厚薄和质感来决定。在必要的情况下，可先裱纸再作画，避免在作画过程中纸张出现起皱变形的情况。

在干纸上的绘制效果        在湿纸上的绘制效果

# 4.2.2 水溶性彩铅加水晕染上色技巧

水溶性彩铅加水晕染上色主要分为毛笔蘸水晕染、湿毛笔取色晕染及彩铅粉末晕染这 3 种方式。根据上色方式的不同，其颜色表现效果也会有所不同。

## ◇ 毛笔蘸水晕染

在纸面上用干水溶性彩铅绘制色块后，用毛笔蘸水将所画色块晕染，可以得到更鲜艳、更均匀的色块，有明显的水彩效果。

在水分相同的情况下，笔压越重，得到的颜色越深；在笔压相同的情况下，水分越多，得到的颜色就越浅。

相同水分、不同笔压下的效果　　　　　　　　相同笔压下的加水效果

## ◇ 湿毛笔取色晕染

将毛笔在清水里蘸湿，然后用湿毛笔直接蘸取水溶性彩铅笔芯的颜色在纸上进行绘制。这样的做法相当于把彩铅的笔芯当作固体颜料使用，可以得到像水彩一样的颜色效果。

在使用这种方法进行上色时有这样的特点：毛笔笔尖的水分越少，得到的颜色就越浓；毛笔笔尖的水分越多，颜色就越淡。

毛笔笔尖的水分少　　　　　　　　　　　　毛笔笔尖的水分多

## ◇ 彩铅粉末晕染

将水溶性彩铅的笔芯削成粉末，将粉末涂抹到要上色的位置，或在削的时候使其落在要上色的位置，然后用毛笔蘸水晕染。

在使用这种方法进行上色时，削的粉末越细腻，晕染出的色块就越均匀。同时，在水分相同的情况下有这样的特点：粉末越少，得到的颜色就越淡；粉末越多，得到的颜色就越浓。

粉末少　　　　　　　　粉末多　　　　　　　　水量相同、粉末量不同的晕染效果

# 4.2.3 渐变晕染的表现方法

渐变晕染的表现主要有单色渐变晕染、双色渐变晕染及多色渐变晕染这 3 种形式。同样的，根据上色方式的不同，其颜色表现效果也会有所不同。

### ◇ 单色渐变晕染

单色渐变晕染技法常被运用于面料底色的表现中，其颜色轻薄、均匀。在绘制时加水越多，晕染的颜色就越浅；加水越少，晕染的颜色就越浓。

**演示流程：**准备一块颜色均匀的干色块和一块颜色由深到浅渐变的干色块，加水晕染，得到渐变效果。

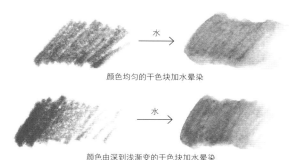

颜色均匀的干色块加水晕染

颜色由深到浅渐变的干色块加水晕染

### ◇ 双色渐变晕染

双色渐变晕染技法常被运用于双色渐变面料的表现中，可以使两种颜色自然过渡。绘制时需要注意保持水量较多的状态，这样才能将两种颜色均匀地晕染在一起。

**演示流程：**绘制"红＋黄""黄＋蓝"和"蓝＋红"三组干色块，分别在三组色块的中间位置进行加水晕染，分别得到橙色、绿色和紫色三间色，并且颜色组之间会自然相接。

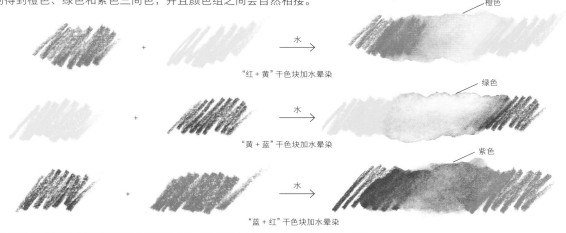

橙色

"红＋黄"干色块加水晕染

绿色

"黄＋蓝"干色块加水晕染

紫色

"蓝＋红"干色块加水晕染

▼ 此处注意水分不宜太少，否则两种颜色不能完全融合。

### ◇ 多色渐变晕染

多色渐变晕染技法常被运用于多色渐变面料的表现中，可以使多种颜色自然过渡。绘制时需要注意保持水量较多的状态，这样才能将多种颜色均匀晕染开。

**演示流程：**绘制两块由紫色、红色、橙色和黄色组成的色块。第一块从深色往浅色方向进行晕染，得到的色块会有些显脏；第二块从浅色往深色方向进行晕染，得到的色块会非常干净且颜色均匀。

从深色往浅色方向晕染　　从浅色往深色方向晕染

# 4.2.4 干湿画法与晕染技巧的组合使用

演 示 视 频

在具体的时装画绘制过程中，上述几种晕染技法可以根据需要随意组合使用。下面给大家演示一些水溶性彩铅常用的组合上色技法。

◇ 干彩铅 + 晕染 + 干彩铅

"干彩铅 + 晕染 + 干彩铅"的组合技法常被运用于图案面料的表现中。具体表现为先得到较均匀的面料底色，再绘制上面的图案或装饰元素。其效果是底色均匀、无纹理，刻画的图案或装饰元素很细致。同时，在刻画图案时，水溶性彩铅的笔头需保持尖锐。

**演示流程：**用干水溶性彩铅绘制红色色块，用湿毛笔将色块晕开，待第一层颜色干透后再干叠一层红色。

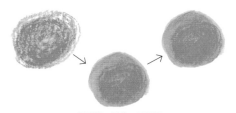

干彩铅 + 晕染 + 干彩铅

◇ 干彩铅 + 干彩铅 + 晕染

"干彩铅 + 干彩铅 + 晕染"的组合技法常被运用于渐变面料的表现中，其色彩过渡自然。绘制时需要注意根据绘制面积选择相应的毛笔。

**演示流程：**用干水溶性彩铅绘制蓝色色块，用干水溶性彩铅在下半部分叠加一层黄色，用湿毛笔将两层颜色一起晕开。

◇ 干彩铅 + 晕染 + 毛笔取色

"干彩铅 + 晕染 + 毛笔取色"的组合技法常被运用于大面积颜色的叠加表现中。这种技法方便快捷，绘制时需要注意控制水量。

**演示流程：**用干水溶性彩铅绘制蓝色色块，用湿毛笔将色块晕开，然后用湿毛笔蘸取水溶性彩铅笔芯的黄色，进行颜色叠加。

干彩铅 + 晕染 + 毛笔取色

◇ 干彩铅 + 晕染 + 干彩铅 + 晕染

"干彩铅 + 晕染 + 干彩铅 + 晕染"的组合技法常被运用于纱质面料的表现中，可以得到非常均匀且过渡自然的色块，绘制时需要注意对色块轮廓的处理。

**演示流程：**用干水溶性彩铅绘制红色色块，用湿毛笔将色块晕开，待第一层颜色干透后再干叠一层红色，再次用湿毛笔将颜色晕开。

干彩铅 + 晕染 + 干彩铅 + 晕染

干彩铅 + 干彩铅 + 晕染

◇ 毛笔取色 + 毛笔取色

"毛笔取色 + 毛笔取色"的组合技法常被运用于大面积面料的表现中。这种技法方便快捷，绘制时如果大面积加水，需要事先裱纸，否则即便使用的是水彩专用纸，也会出现起皱变形的情况。

**演示流程：**使用湿毛笔蘸取水溶性彩铅笔芯的蓝色，绘制色块，然后用湿毛笔蘸取红色，并进行叠加晕染。

毛笔取色 + 毛笔取色

如今，时装画的表现形式和风格多种多样，画材的选择也是多种多样。其中，马克笔以其方便、快捷、干净利落的特征和极具现代感的笔触深得设计师的喜爱。马克笔可以快速、及时地记录服装设计师的设计灵感和概念，并有效地表现他们的设计理念。这种生动灵活的表现形式是其他工具所不能代替的。本章主要讲述马克笔的基本使用技巧、平涂上色技巧、叠加上色技巧及留白上色技巧。

# 5.1 马克笔的基本使用技巧

马克笔绘制的色彩很难再进行修改，因此下笔的肯定性和有序性非常关键。这也要求设计师在下笔前就要充分完善设计构思，构思明确后再合理地安排笔触。

## 5.1.1 马克笔的握笔方式

马克笔的粗头有一端长，一端短，在使用时可根据需要选择相应的握笔方式。

**正手握笔：**像平常写字一样握笔，笔头长的一端在上、短的一端在下，主要用于绘制水平线。

**反手握笔：**笔头长的一端在左、短的一端在右，主要用于绘制垂直线。

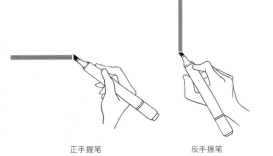

正手握笔　　　　反手握笔

## 5.1.2 马克笔的拉线技巧

针对马克笔的拉线技巧，以下从拉直线、拉圆角直线、拉弧线、拉波浪线及拉渐变线这 5 个方面进行分析。

演 示 视 频

◇ 用马克笔拉直线

在时装画绘制中，虽然我们很少遇到廓形规则的服装，但是有时候也需要用马克笔来展现一些直线效果。

用马克笔拉直线分为拉水平线和拉垂直线两种形式。

**用马克笔拉水平线：**笔头完全贴合纸面，绘制出均匀的水平线条。

**用马克笔拉垂直线：**笔头完全贴合纸面，绘制出均匀的垂直线条。

在日常练习中，我们可以通过绘制正方形和长方形来练习用马克笔拉直线。

水平线　　　　　　垂直线　　　　　　正方形　　　　　　长方形

◇ 用马克笔拉圆角直线

在时装画绘制中，肩部、下摆等一些服装的边缘转折部分可以采用拉圆角直线的技法来完成。

用马克笔拉圆角直线分为拉水平圆角直线和拉垂直圆角直线两种形式。

**用马克笔拉水平圆角直线：** 正手握笔，先向上绘制一小段垂直线，然后向右绘制一段水平线，再向下绘制一小段垂直线。反向亦然。

**用马克笔拉垂直圆角直线：** 反手握笔，先向左绘制一小段水平线，然后向下绘制一段垂直线，再向右绘制一小段水平线。反向亦然。

在日常练习中，我们可以通过绘制圆角正方形、圆角长方形来练习用马克笔拉圆角直线。

水平圆角直线

垂直圆角直线

圆角正方形

圆角长方形

## ◇ 用马克笔拉弧线

在时装画绘制中，可以采用用马克笔拉弧线的技法来表现圆润的轮廓。

用马克笔拉弧线分为正手拉弧线和反手拉弧线两种形式。

**正手拉弧线：** 正手握笔，分别向上和向下绘制饱满的弧线。

**反手拉弧线：** 反手握笔，分别向左和向右绘制饱满的弧线。

在日常练习中，我们可以通过绘制圆形、椭圆形来练习用马克笔拉弧线。

正手拉弧线

反手拉弧线

圆形

椭圆形

## ◇ 用马克笔拉波浪线

在时装画绘制中，用马克笔拉波浪线的技法可以用来给卷发上色。练习波浪线的绘制更多的是学习对马克笔的控制。

用马克笔拉波浪线分为正手拉波浪线和反手拉波浪线两种形式。

**正手拉波浪线：** 正手握笔，水平方向绘制出等宽的波浪线。

**反手拉波浪线：** 反手握笔，垂直方向绘制出等宽的波浪线。

正手拉波浪线

反手拉波浪线

## ◇ 用马克笔拉渐变线

在时装画绘制中，通常会遇到为不同的形状上色的情况，这时需要适当调整笔头与纸张的接触面，从而顺利完成上色。

用马克笔拉渐变线分为拉水平渐变线和拉垂直渐变线两种形式。

**用马克笔拉水平渐变线：** 正手握笔，通过笔头与纸面接触面的变化，绘制出粗细不同的线条。

**用马克笔拉垂直渐变线：** 反手握笔，通过笔头与纸面接触面的变化，绘制出粗细不同的线条。

水平渐变线

垂直渐变线

# 5.2 马克笔的平涂上色技巧

针对马克笔的平涂上色技巧，这里主要从以下两个方面进行讲解。

## 5.2.1 用马克笔排线

演 示 视 频

　　想要用马克笔排出一个均匀整齐的色块，要同时兼顾力度、速度，以及笔头与纸面的角度，尽量使每条线保持等宽且无缝连接。当然，对于一些新手来说，在排线操作中出现缝隙也属正常情况，但当出现此类情况时切忌胡乱填补。因为马克笔线条叠加颜色会变深，所以要始终把目光放在整体效果上，铺色完成后再做填补修整工作。

　　用马克笔排线分为正手排线和反手排线两种方式。

　　**正手排线：** 正手握笔，排出由水平线组成的色块。排线时注意每条线要刚好衔接在一起，做到既没有缝隙，又不会重叠太多。

　　**反手排线：** 反手握笔，排出由垂直线组成的色块。排线时需要注意的点同上一排线方式。

正手排线　　　　　　　　　　反手排线

## 5.2.2 用马克笔画色块

演 示 视 频

　　用马克笔画色块可分为规则色块的绘制和不规则色块的绘制这两种情况。针对不同形态的色块，其运笔技巧和绘制方法有所不同。

### ◇ 规则色块的绘制

　　在绘制一些规则色块时，主要需注意对色块轮廓的处理，切忌出现凸边或边缘参差不齐的情况。可以选择先勾一次边，然后进行排线铺色，最后修补空隙；也可以先大面积铺色，再整体修整边缘。

#### 》 绘制方法 1

**Step1** 用勾线笔绘制轮廓。

**Step2** 用马克笔的细头勾勒内部轮廓。

**Step3** 用马克笔的宽头进行大面积排线铺色，要注意不能把颜色涂出轮廓线。

**Step4** 根据空隙的大小选择相应笔头的马克笔进行修补。切勿反复涂抹，要保证大色块整体均匀。

» **绘制方法 2**

**Step1** 用勾线笔绘制轮廓。

**Step2** 用马克笔的宽头进行大面积排线铺色。

▼ 这一步需要注意的是，在颜色不超出轮廓线的情况下，要尽量少留空隙。

**Step3** 用马克笔的宽头填补较大的空隙。

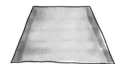

**Step4** 用马克笔的细头填补小的空隙。

▼ 在日常练习中，我们可以通过绘制三角形、梯形、平行四边形、菱形及圆形等图形来练习马克笔排线填色，尽量使色块颜色均匀，边缘整齐，无凸边。

◇ **不规则色块的绘制**

绘制不规则色块的难度主要体现在对线条走向的安排上，尽量按形状中距离较大的走向来排线，以便使线条更长。若涉及服装，则需根据面料的肌理来规划线条走向。

» **绘制方法**

**Step1** 用勾线笔绘制轮廓。

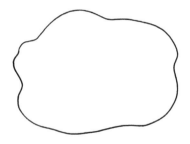

▼ 勾勒内边线时，为了不把颜色涂出边缘，可适当留出一点空隙，后面再做修补。

**Step2** 用马克笔的细头勾勒内边线。

**Step3** 用马克笔的宽头进行大面积排线铺色。铺色时注意，不能把颜色涂出轮廓线。

**Step4** 根据空隙的大小，选择相应笔头的马克笔进行颜色修补。

▼ 在修补涂色时，切勿反复涂抹，要保证大色块整体均匀。

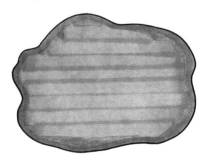

# 5.3 马克笔的叠加上色技巧

用马克笔叠加颜色通常会使颜色变深。在需要叠加上色时，我们通常会先用一种颜色的马克笔来上色，再用颜色更深的马克笔叠加。不同纸张能承受的颜色叠加层数也不同，因此在绘制时装画之前，还是应该先检验纸张的承色能力，再进行上色。

针对马克笔的叠加上色技巧，这里主要从以下两个方面进行解析。

## 5.3.1 渐变色的表现

渐变色的绘制分为单色渐变效果的表现和同色系渐变效果的表现这两种形式。针对不同效果的渐变色表现，其用色方式也有所不同。

演 示 视 频

### ◇ 单色渐变效果的表现

单色渐变效果的表现具体体现为用同一支马克笔均匀地铺一个色块，通常是叠加 3~5 次，且每次都从同一个位置开始，每次叠加的面积比上一层少一些。这样叠加出的色彩过渡是最自然的。

#### » 绘制方法

**Step1** 用马克笔的宽头均匀地铺一个色块。

**Step2** 用马克笔的宽头从上往下叠加到色块的 2/3 处左右。

**Step3** 用马克笔的宽头从上往下叠加到色块的 1/2 处左右。

**Step4** 用马克笔的宽头从上往下叠加到色块的 1/3 处左右。

### ◇ 同色系渐变效果的表现

同色系渐变效果的表现具体体现在选择同一色系的几支马克笔进行叠加，这样叠加出的色彩层次更丰富。

#### » 绘制方法

**Step1** 用 Touch soft head WG1 号马克笔的宽头均匀地铺一个色块。

**Step2** 用 Touch soft head WG3 号马克笔的宽头从上往下叠加到色块的 2/3 处左右。

**Step3** 用 Touch soft head WG5 号马克笔的宽头从上往下叠加到色块的 1/3 处左右。

# 5.3.2 叠色笔触的表现

　　叠色笔触的表现分为扫笔的表现和顿笔的表现两种形式。针对不同的叠色笔触效果，其运笔的方法也有所不同。

## ◇ 扫笔的表现

　　在叠加人体或服装的阴影时，通常会使用扫笔技法来完成，这样绘制出的色彩过渡效果较为自然。扫笔主要是通过转笔、逐渐减少笔头与纸张的接触绘制出由粗到细的线条。转笔的技巧在于手臂保持不动，通过大拇指轻微转动来带动笔杆转动。

　　在叠加阴影时，想要使过渡效果更加自然，可以选择扫笔技法。扫笔分为直线扫笔、弧线扫笔和曲线扫笔 3 种形式。

　　**直线扫笔：** 通过加快速度、减轻笔压及减少笔头和纸面的接触来绘制逐渐变细、虚化和淡出的线条。

　　**弧线扫笔：** 在直线扫笔的基础上加入转笔的操作，将马克笔快速地划出。

　　**曲线扫笔：** 利用转笔的技巧绘制出有粗细变化的波浪线。

直线扫笔　　　　　　　　　弧线扫笔　　　　　　　　　曲线扫笔

## ◇ 顿笔的表现

　　顿笔在刻画某些面料的阴影时可能会用到。顿笔主要是通过转笔绘制出粗细随机变化的笔触，其粗细和长短可根据画面的需要进行安排。

　　顿笔的表现具体说来可以分为正手顿笔和反手顿笔这两种形式。

　　**正手顿笔：** 正手握笔，绘制水平方向的、粗细随机变化的线。在绘制过程中，笔头不要离开纸面，通过转笔的技巧来变换线条的粗细。

　　**反手顿笔：** 反手握笔，绘制垂直方向的、粗细随机变化的线。绘制时需要注意之处与正手顿笔相同。

正手顿笔　　　　　　　　　　　　　　　　　反手顿笔

091

# 5.4 马克笔的留白上色技巧

"留白"一词原指在书画艺术创作中为使画面更为协调而有意留下相应的空白，让观者有想象的空间。留白不仅能增强画面的韵味，还能提升作品的品质。

在时装画的表现中，我们同样可以用留白去营造美的意境。通常来说，留白技法可以用于表现人体和服装的光影关系，或是凸显某种面料的质感，甚至表现一个画师的个人风格，使画面给人一种"呼吸感"。

## 5.4.1 飞白笔触的上色技巧

演 示 视 频

飞白技法是马克笔绘制表现中相对高级的技法，对笔和线条的控制要求较高，下笔讲究快、准、稳，所以在绘制之前务必将平涂上色、叠加上色等技法掌握扎实，并且对表现对象的体积感有所理解。除了这里要讲的飞白笔触，前面的渐变线、顿笔等笔触都可以用于留白效果的表现。

飞白笔触的表现主要在于快速地拉线，过程中减轻笔压，可以得到由实及虚、由深到浅的线条。该笔触可用于表现暗部到亮部的过渡。

水平方向从左至右　　　　水平方向从右至左　　　　垂直方向从上到下　　　　垂直方向从下到上

斜向左下至右上　　　　斜向右上至左下　　　　斜向左上至右下　　　　斜向右下至左上

快没墨的马克笔也不要扔，必要的时候可以用它画出别样的飞白效果。

## 5.4.2 留白技法的应用

留白技法分为受光留白、面料质感留白和写意式留白 3 种形式，三者的留白面积、形态有所不同。

◇ 受光留白

受光留白主要用于表现物体受光的部分，如四肢中间的部分或服装凸起的部分。下图使用的是渐变线留白，留白面积较小。

下图使用的是顿笔留白，留白面积较大。主要由所描绘物体的形态决定笔触的走向及粗细变化。技巧核心在于转笔。

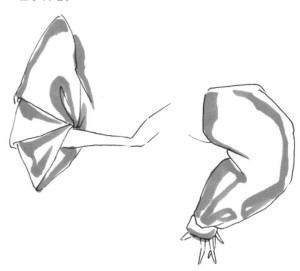

◇ 面料质感留白

面料质感留白多在绘制一些薄纱、雪纺等轻柔飘逸的面料时使用，通常表现为条状留白。

**使用技法：**弧线扫笔。

同时，面料质感留白也在表现一些皮革、TPU 等反光面较大且质感较硬的面料时使用，通常表现为块状或片状留白。

**使用技法：**用马克笔拉直线、折叠渐变线、直线扫笔。

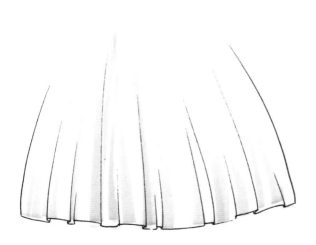

◇ 写意式留白

写意式留白在绘制具有个人风格的时装画时使用，通常只用马克笔绘制寥寥数笔，画面大部分进行留白。

**使用技法：**扫笔。

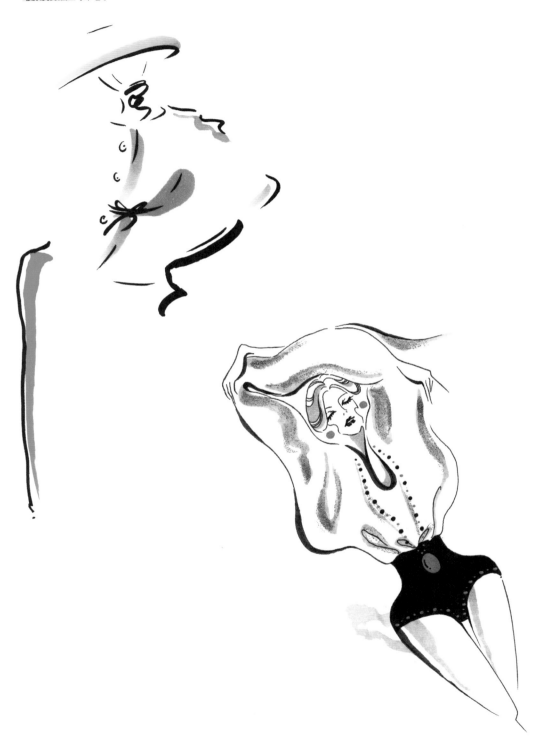

# 第 6 章
# 常见面料的
# 绘制与表现

在绘制时装画时，面料的表现是不可或缺的组成部分。在进行面料的绘制与表现时，除了在绘制线稿时要依据人体动态和面料的厚薄安排好线条，还要利用上色工具表现出面料的纹样和质感。在整体绘制之前，需要先对面料纹样和质感的表现有一个比较清楚的了解，从而使绘制出的时装画效果更好。

# 6.1 面料纹样的绘制与表现

在每一季的时装周上，我们都会看到许多图案面料。而在这些图案面料中，很多经典纹样会在时尚圈中轮回和翻新式地出现，常见的有格纹、条纹、波点、印花、豹纹及斑马纹等。

## 6.1.1 绘制格纹面料

格纹是时尚圈"元老级"的经典元素，不管流行趋势如何改变，格纹一直是设计师们较钟爱的图案之一。

演 示 视 频

**绘制要点：** 在格纹面料绘制中，一般长直线使用较多，因此对拉线技巧的掌握有一定的要求。要想画出均匀且流畅的线条，就要对拉线技巧进行反复练习。由于马克笔有一定的覆盖能力，建议采用先浅后深的方式进行上色。

**使用工具及颜色：** Touch liit 45 号马克笔、Touch soft head Y45 号马克笔、Touch soft head PB74 号马克笔。

Touch liit 45　　　　Touch soft head Y45　　　　Touch soft head PB74

» **绘制步骤**

**Step1** 用 Touch liit 45 号马克笔绘制一个规整的黄色方格。

**Step2** 用 Touch soft head PB74 号马克笔叠加绘制出交叉的蓝色方格。

**Step3** 用 Touch soft head Y45 号马克笔在黄色方格的每个交叉点叠加颜色 1 次或 2 次。

**Step4** 用 Touch soft head PB74 号马克笔在蓝色方格的每个交叉点叠加颜色 1 次或 2 次。

# 6.1.2 绘制条纹面料

演示视频

条纹面料是时尚圈"生命力顽强"的经典元素之一，简约、百搭且可塑性极强。

**绘制要点：** 条纹面料的条纹有粗有细，要依据粗细来选择适合的工具。绘制时需注意的是，面料的起伏会引起条纹的弯曲和粗细变化，因此要仔细观察后再下笔。

**使用工具及颜色：** 樱花 01 号针管笔、铅笔、Touch mark CG0.5 号马克笔、中柏大楷秀丽笔。

Touch mark CG0.5

» **绘制步骤**

**Step1** 用樱花 01 号针管笔画出面料的褶皱纹路。

**Step2** 由于有些条纹面料的条纹较细，褶皱的起伏又会导致条纹的粗细发生变化，因此可以先用铅笔将条纹的走向轻描出来。

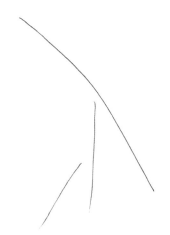

**Step3** 用 Touch mark CG0.5 号马克笔绘制出面料的阴影部分。

**Step4** 用中柏大楷秀丽笔绘制条纹。

# 6.1.3 绘制波点面料

波点，又称波尔卡圆点，曾在 20 世纪 60 年代风靡一时。波点的组合变化较为丰富，并且这种具有趣味性、活泼特征及自由气息的元素非常适合塑造轻松、愉悦和悠闲的氛围。

演 示 视 频

**绘制要点：** 在绘制之前要先观察波点的大小、疏密等规律，看清面料起伏导致的圆点的形状变化。由于波点出现时通常数量较多，因此应该先绘制面料底色，再用能够覆盖底色的颜色在上面绘制波点。

**使用工具及颜色：** 樱花 01 号针管笔、Touch 4 号马克笔、Touch soft head R11 号马克笔、三菱 0.9 ~ 1.3mm 高光笔。

Touch 4      Touch soft head R11

» **绘制步骤**

**Step1** 用樱花 01 号针管笔画出面料的褶皱纹路。

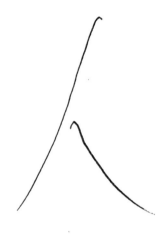

**Step2** 用 Touch 4 号马克笔平铺面料底色。

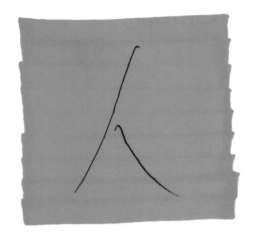

**Step3** 用 Touch soft head R11 号马克笔加深面料的阴影部分。

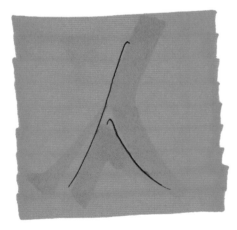

**Step4** 用三菱 0.9 ~ 1.3mm 高光笔绘制出一个个波点。

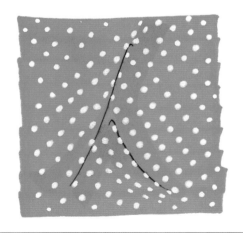

▼    在绘制波点时，注意褶皱导致的波点形状的变化。

# 6.1.4 绘制印花面料

印花面料早在我国唐宋时期就已开始盛行。随着纺织印染工艺的发展，印花面料已不再局限于传统的扎染、蜡染等手工工艺，而进一步出现了如筛网印花、转移印花及喷墨印花等机印工艺。

 演 示 视 频

**绘制要点：** 印花面料的图案成千上万，要根据图案颜色的深浅选择合适的绘制方法。针对颜色较浅的服装的图案，可选择相应色彩的彩铅对图案轮廓进行勾勒，再进行上色；针对颜色较深的服装的图案，可选择黑色勾线笔勾勒图案轮廓，再进行上色。

**使用工具及颜色：** 铅笔、Touch mark 164 号 /166 号 /167 号 /175 号马克笔、Touch 76 号马克笔、法卡勒三代191 号马克笔。

Touch mark 164　　Touch mark 166　　Touch mark 167　　Touch mark 175　　Touch 76　　法卡勒三代 191

## » 绘制步骤

**Step1** 用铅笔绘制出面料上的图案。由于此款面料的图案有粗黑边，因此不用进行勾线。

**Step2** 用 Touch mark 164 号马克笔平铺面料底色。

**Step3** 用 Touch mark 166 号马克笔和 Touch mark 167 号马克笔绘制面料的阴影部分。

**Step4** 用 Touch mark 166 号马克笔和 Touch mark 175 号马克笔绘制图案的黄色和绿色，用 Touch 76 号马克笔绘制蓝色部分。

**Step5** 用法卡勒三代 191 号马克笔勾勒图案上的黑点和线条。

▼ 由于此款面料图案有粗黑边，因此图案边缘的表现不需要过于细致。

# 6.1.5 绘制豹纹面料

豹纹这一时尚元素是由美国时装设计师协会主席诺曼·诺雷尔（Norman Norell）于 20 世纪 40 年代初首次设计使用的。直到今天，豹纹依然时常作为一种个性鲜明的元素出现于时尚圈中。

**绘制要点：** 豹纹的绘制难点在于几乎每一个豹纹图案都不完全相同，它们的大小、形状甚至深浅都有着细微的变化，尤其要注意包裹着棕色点状图案的黑色粗边的表现。

**使用工具及颜色：** Touch mark 107 号马克笔、法卡勒三代 E410 号 /E412 号 /191 号马克笔、樱花 01 号针管笔。

| Touch mark 107 | 法卡勒三代 E410 | 法卡勒三代 E412 | 法卡勒三代 191 |

**》 绘制步骤**

**Step1** 用 Touch mark 107 号马克笔平铺豹纹面料底色。

**Step2** 用法卡勒三代 E410 号马克笔绘制出大小、形状各异的点状图案。通过笔压的变化表现出一些深浅变化。

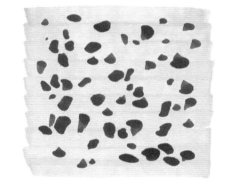

**Step3** 用法卡勒三代 191 号马克笔绘制包裹着棕色点状图案的黑色粗边。

**Step4** 用法卡勒三代 E412 号马克笔将部分棕色点状图案做加深处理。之后用樱花 01 号针管笔绘制出一些拉丝效果。

▼
黑色部分同样需要有大小、长短及粗细的变化，注意其包裹的方向通常是朝内的。

# 6.1.6 绘制斑马纹面料

演 示 视 频

作为动物纹中的另一常用纹样，斑马纹较豹纹略微内敛一些，但也不失个性，在服装设计中的应用也更加抽象、夸张一些。

**绘制要点：** 斑马纹的特点在于其每一条纹路都有粗细变化，走向有一定的规律。在绘制前一定先选择好画材，有粗细变化的线条建议使用秀丽笔或软头马克笔来完成。

**使用工具及颜色：** Touch mark CG0.5 号马克笔、法卡勒三代 191 号马克笔。

Touch mark CG0.5　　　　　　法卡勒三代 191

» **绘制步骤**

**Step1** 用 Touch mark CG0.5 号马克笔绘制面料的阴影部分。

**Step2** 根据面料总结出图案的走向规律，并用法卡勒三代 191 号马克笔定出中心发散位置。

**Step3** 用法卡勒三代 191 号马克笔绘制出图案中较为核心的几笔斑马纹。

**Step4** 依照核心斑马纹，继续用法卡勒三代 191 号马克笔完成整个面料的图案。

# 6.2 面料质感的绘制与表现

　　根据材质、织法和工艺的不同，面料也会有各种各样的质感。常见的质感面料有薄纱、牛仔、针织、皮草及绸缎等。

## 6.2.1 绘制薄纱面料

　　雪纺、欧根纱等都是常见的薄纱面料，也是女装（尤其是夏季女装、婚纱礼服）中较常用的面料，其表现技法是服装设计学习中必学的技法之一。

演 示 视 频

　　**绘制要点：**轻薄是薄纱面料最明显的特点，因此在色彩选择上宁浅毋深。层次一定要丰富，不可画得太重、太死，必要时可以用留白的技法来表现。

　　**使用工具及颜色：**Touch mark GG1 号 /GG3 号 /GG5 号 /GG7 号马克笔、樱花 05 号针管笔、慕娜美灰色水笔、三菱 0.7mm 高光笔。

Touch mark GG1　　　　Touch mark GG3　　　　Touch mark GG5　　　　Touch mark GG7　　　　慕娜美灰色

» **绘制步骤**

**Step1** 用 Touch mark GG1 号马克笔绘制第一层底色，然后用 Touch mark GG3 号马克笔叠加一层颜色并作为阴影。

**Step2** 用 Touch mark GG5 号马克笔和 Touch mark GG7 号马克笔分别在暗部叠加一层颜色，面积逐渐减少。

**Step3** 用樱花 05 号针管笔将褶皱轮廓勾勒一下。

**Step4** 用慕娜美灰色水笔和三菱 0.7mm 高光笔绘制面料上的装饰图案。

▼ 　纱质面料表现的重点在于颜色与笔触过渡要自然，所以颜色一定要选择正确，并且笔触要又快又准。

# 6.2.2 绘制牛仔面料

牛仔面料是一种较粗厚的色织经面斜纹棉布，经纱颜色深，一般为靛蓝色。经过上百年的发展，牛仔面料出现了洗水、破洞、猫须、铆钉及装饰线等装饰工艺，人们对它的喜爱程度也与日俱增。

演 示 视 频

**绘制要点：** 首先，牛仔蓝是牛仔面料的标志性颜色，在绘制前一定要选对色号。其次，每一件牛仔产品上必然会出现明辑线工艺，这也是其面料的重要特征。

**使用工具及颜色：** 樱花 03 号针管笔、Touch 76 号 /70 号马克笔、Touch soft head PB76 号马克笔、三菱 0.7mm 高光笔。

Touch 76          Touch soft head PB76          Touch 70

## » 绘制步骤

**Step1** 用 Touch 76 号马克笔铺底色。

**Step2** 用樱花 03 号针管笔绘制出具体的款式结构线、口袋及破洞的位置。

**Step3** 用 Touch 76 号马克笔叠加面料暗部，再用 Touch soft head PB76 号马克笔进行加深。

▼ 颜色加深时尽量使用扫笔和转笔技法，使线条有粗细变化，效果会更加自然。

**Step4** 用 Touch 70 号马克笔绘制牛仔面料颜色最深的地方，之后用三菱 0.7mm 高光笔提亮缝线局部及破洞处，颜色特别深的地方可用针管笔再刻画一次。

▼ 明辑线是牛仔类服装必备的装饰工艺，在绘制时不可省略。

# 6.2.3 绘制针织面料

此处的针织面料主要用于针织毛衣，针织毛衣在秋冬装中非常常见，并且以粗棒针毛衣居多。其风格和款式也较多，如可爱的、复古的、慵懒的……

演 示 视 频

**绘制要点：**针织面料的织法和纹样非常多，如麻花纹、钻石纹、蜂窝纹及缆绳纹等。在表现时需根据其纹样先将起伏和明暗关系确定好，再加入一些细节图案的绘制。

**使用工具及颜色：**Touch soft head BR104 号 /BR97 号 /BR101 号 /BR91 号马克笔、慕娜美咖啡色水笔。

Touch soft head BR104　　Touch soft head BR97　　Touch soft head BR101　　Touch soft head BR91　　慕娜美咖啡色

» **绘制步骤**

**Step1** 用 Touch soft head BR104 号马克笔平铺底色。

**Step2** 用 Touch soft head BR97 号马克笔绘制出针织的纹路。

**Step3** 用 Touch soft head BR101 号马克笔加深针织纹路的暗部。

**Step4** 用 Touch soft head BR91 号马克笔和慕娜美咖啡色水笔刻画暗部细节。

# 6.2.4 绘制蕾丝面料

演 示 视 频

蕾丝是一种带有网眼组织的面料，早期是用钩针手工编织出来的。随着科技的不断发展，蕾丝的制造技术、花形和种类也越来越多，蕾丝被大量应用于婚纱、礼服及日常女装的制作中。

**绘制要点：** 蕾丝的绘制难点主要在于图案的复杂性和线条的粗细变化。绘制顺序通常是先绘制底色，再勾勒图案。在绘制图案时，可先用较粗的线条把主图画出来，再画细线部分。

**使用工具及颜色：** Touch soft head 120 号马克笔、铅笔、三菱 0.9 ～ 1.3mm/0.7mm 高光笔。

Touch soft head 120

» **绘制步骤**

**Step1** 用 Touch soft head 120 号马克笔平铺底色。

**Step2** 用铅笔将蕾丝面料上的图案描绘出来。只需描绘图案的大致走向，将位置确定好即可。

**Step3** 用三菱 0.9 ～ 1.3mm 高光笔将蕾丝面料的主图描绘出来。

**Step4** 用三菱 0.7mm 高光笔绘制出蕾丝面料上的所有细节。

# 6.2.5 绘制皮草面料

皮草面料主要来源于狐狸、貂及獭兔等动物的皮毛，随着环保理念越来越受重视，很多品牌都开始提倡使用仿皮草面料。

演 示 视 频

**绘制要点：** 皮草面料绘制的关键在于皮毛感的表现，外轮廓的线条一定要根根分明，内部可在明暗交界线和高光等位置进行皮毛细节的刻画。

**使用工具及颜色：** 樱花 01 号针管笔、Touch soft head CG2 号 /CG4 号 /CG6 号 /CG8 号马克笔、法卡勒三代191 号马克笔、三菱 0.7mm 高光笔。

Touch soft head CG2　　Touch soft head CG4　　Touch soft head CG6　　Touch soft head CG8　　法卡勒三代 191

## » 绘制步骤

**Step1** 用樱花 01 号针管笔勾勒出皮草的轮廓形状和明暗交界线等。

**Step2** 用 Touch soft head CG2 号马克笔平铺底色，然后用同一支马克笔在暗部大面积叠加一次，再绘制一些边缘皮毛。

**Step3** 用 Touch soft head CG4 号马克笔、Touch soft head CG6 号马克笔及 Touch soft head CG8 号马克笔逐步加深暗部，别忘记加深边缘的颜色。

**Step4** 用法卡勒三代 191 号马克笔绘制较暗的部分，之后用三菱 0.7mm 高光笔一根根、一组组地提亮高光部分。

# 6.2.6 绘制绸缎面料

演 示 视 频

　　绸缎面料泛指丝织物，其发展历史悠久。绸缎面料有薄有厚，色彩和种类繁多，表面光滑亮丽且带有光泽感。

　　**绘制要点：** 绸缎面料的表现主要在于高光的表现。通常来说，绸缎面料的高光较为柔和，面积较大，与灰面的过渡非常自然。颜色层次较丰富，至少应选择同一色系中三支以上的笔来完成。

　　**使用工具及颜色：** Touch liit 45 号马克笔、Touch soft head Y49 号 /Y45 号 /BR104 号马克笔、温莎牛顿 163 号马克笔（白色）。

Touch liit 45　　　　Touch soft head Y49　　　　Touch soft head Y45　　　　Touch soft head BR104

## » 绘制步骤

**Step1** 用 Touch liit 45 号马克笔平铺底色。

**Step2** 用 Touch soft head Y49 号马克笔加深褶皱部分，并用同一支马克笔将阴影部分叠加几次。

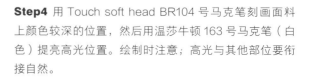

**Step3** 使用 Touch soft head Y45 号马克笔加深暗部，丰富色彩的层次，加强空间感。

**Step4** 用 Touch soft head BR104 号马克笔刻画面料上颜色较深的位置，然后用温莎牛顿 163 号马克笔（白色）提亮高光位置。绘制时注意；高光与其他部位要衔接自然。

# 6.2.7 绘制毛呢面料

毛呢面料是羊毛、羊绒织成的织物的统称，适用于制作大衣、西服等较为正式的服装。它的优点是防皱耐磨，手感柔软，高雅挺括，保暖性强；缺点主要是质地偏厚，洗涤较为困难，不适用于制作夏装。

演 示 视 频

**绘制要点：** 毛呢面料的质感和图案种类较多，质感有平滑厚重的、凹凸不平的，图案有格纹、千鸟纹及人字纹等。绘制时通常是先绘制面料底色和阴影，再将图案加上去。

**使用工具及颜色：** 铅笔、Touch soft head WG1 号 /WG3 号 /WG9 号 /BR101 号 /BR102 号马克笔、三菱 0.7mm 高光笔。

Touch soft head WG1　　Touch soft head WG3　　Touch soft head WG9　　Touch soft head BR101　　Touch soft head BR102

## » 绘制步骤

**Step1** 用 Touch soft head WG1 号马克笔平铺底色，并用同一支马克笔在面料阴影处进行叠加。然后用 Touch soft head WG3 号马克笔加深面料阴影部分。

**Step2** 用铅笔将毛呢面料上纹路的走向轻轻绘制出来。

**Step3** 用 Touch soft head WG9 号马克笔绘制面料上的人字纹。

**Step4** 用 Touch soft head BR101 号马克笔绘制面料上的浅棕色点状花纹，然后用 Touch soft head BR102 号马克笔绘制阴影处的深棕色花纹，最后用三菱 0.7mm 高光笔随机地提亮高光部分。

▼　在绘制面料上的人字纹时，注意线条不要表现得太死板，要保留一些留白，使其效果自然。

# 6.2.8 绘制填充面料

填充面料主要指羽绒服、棉服等内有填充材料的有体积感的服装面料。为了保证填充物均匀地填充于服装中，填充面料通常会被分割成块状或条状。

演 示 视 频

**绘制要点：** 填充面料的绘制要点在于其立体感的表现，被分割的每一块面料都有明暗关系及大面积柔和的高光需要表现，因此想要画得逼真，色彩层次就得尽量表现得丰富一些。

**使用工具及颜色：** 樱花 03 号针管笔、Touch soft head CG4 号 /CG6 号 /CG8 号马克笔、中柏大楷秀丽笔、温莎牛顿 163 号马克笔（白色）、三菱 0.9 ~ 1.3mm 高光笔。

Touch soft head CG4　　Touch soft head CG6　　Touch soft head CG8

» **绘制步骤**

**Step1** 用樱花 03 号针管笔绘制面料轮廓，注意线条的轻重和粗细变化。

**Step2** 用 Touch soft head CG4 号马克笔绘制第一层灰色，部分受光位置进行留白处理。然后用 Touch soft head CG6 号马克笔加深面料的阴影部分。

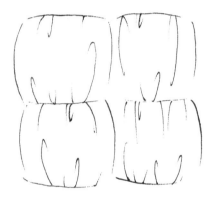

**Step3** 用 Touch soft head CG8 号马克笔加深面料的阴影部分。

**Step4** 用中柏大楷秀丽笔刻画阴影中颜色较深的位置。然后用温莎牛顿 163 号马克笔（白色）绘制面料上较为柔和的高光。最后用三菱 0.9 ~ 1.3mm 高光笔提亮高光部分。

# 6.2.9 绘制亮片面料

亮片面料是一种用亮片或珠片连缀而成的闪光片布料，一般应用于女装、婚纱中，有时鞋包设计也会用到。布料上的亮片具有反光、闪亮的效果，是华丽、时髦风格的代表面料之一。

演示视频

**绘制要点：** 亮片面料呈现在完整的时装画中通常是看不出一片一片的状态的，所以要对整体明暗进行归纳，并以点状图案去表现亮片的效果。

**使用工具及颜色：** Touch soft head R16 号 /R11 号 /YR23 号 /R3 号 /R1 号马克笔、三菱 0.9 ～ 1.3mm 高光笔。

Touch soft head R16　　Touch soft head R11　　Touch soft head YR23　　Touch soft head R3　　Touch soft head R1

## » 绘制步骤

**Step1** 用 Touch soft head R16 号马克笔绘制面料底色，中间部分留白，并用叠加技法将上下两端的色彩加深。

**Step2** 用 Touch soft head R11 号马克笔、Touch soft head YR23 号马克笔绘制出大小不同的、随机的点状图案。

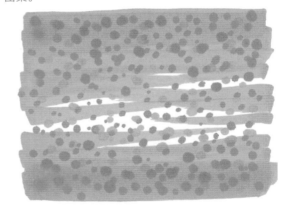

**Step3** 用 Touch soft head R3 号马克笔、Touch soft head R1 号马克笔点出大小不同的、随机的点状图案，以表现亮片的暗部。

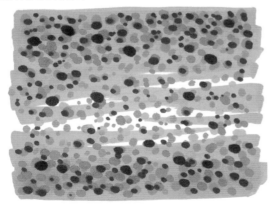

**Step4** 用三菱 0.9 ～ 1.3mm 高光笔提亮亮片的高光部分，在绘制时表现高光部分的点状图案也要有大有小。

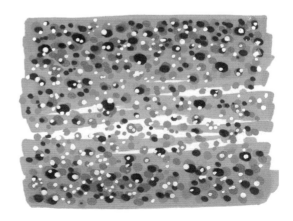

# 6.2.10　绘制灯芯绒面料

演 示 视 频

灯芯绒是割纬起绒，表面形成纵向绒条的棉织物。因绒条像一条条灯草芯，所以被称为灯芯绒。其质地厚实，保暖性好，适合用于秋冬季外衣的制作。

**绘制要点：**灯芯绒面料的特点在于其带有条纹，且条纹根根分明。由于面料厚实起绒，因此这种面料没有明显的高光。

**使用工具及颜色：**Touch soft head BR104 号 / BR97 号马克笔、慕娜美咖啡色水笔。

Touch soft head BR104

Touch soft head BR97

慕娜美咖啡色

## »　绘制步骤

**Step1** 用 Touch soft head BR104 号马克笔平铺并叠加一层底色。

**Step2** 用 Touch soft head BR97 号马克笔绘制面料的阴影部分。

**Step3** 用 Touch soft head BR97 号马克笔绘制灯芯绒的条纹，注意面料起伏导致的线条的弯曲变化。

**Step4** 用慕娜美咖啡色水笔勾勒条纹的边缘，并加深阴影部分的条纹轮廓线。

▼　在细化条纹时，注意线条不能画得太死板，要有一些留白。

# 6.2.11 绘制粗花呢面料

演 示 视 频

粗花呢面料是粗纺呢绒中具有独特花色品种的面料，其外观特点是"花"。它是秋冬高档女装中常用的面料之一，可用于制作西装、夹克、大衣及短裙等。其质感高级，风格端庄，是职场成熟女性秋冬服装的不二之选。

**绘制要点：**粗花呢面料肌理繁复，但有规律。首先进行观察，并挑选出其中的主要色彩，然后分析面料的编织方向和规律，由浅及深，逐层深入，最后刻画细节。

**使用工具及颜色：**Touch mark GG1 号马克笔、Touch soft head PB74 号 /CG6 号马克笔、黑色双头记号笔、三菱 0.9 ~ 1.3mm 高光笔、柏伦斯高光笔。

Touch mark GG1 　　　Touch soft head PB74 　　　Touch soft head CG6

## » 绘制步骤

**Step1** 用 Touch mark GG1 号马克笔平铺底色，然后用 Touch soft head PB74 号马克笔绘制粗花呢的蓝色部分。

**Step2** 用 Touch soft head CG6 号马克笔绘制面料的深灰色部分。

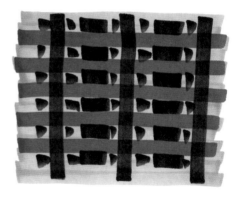

**Step3** 用黑色双头记号笔绘制粗花呢的黑色纱线，注意经纱和纬纱的方向不同。

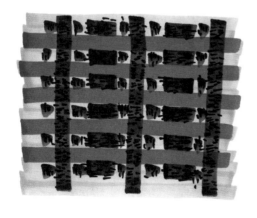

**Step4** 用三菱 0.9 ~ 1.3mm 高光笔绘制粗花呢上的白色纱线，并用柏伦斯高光笔刻画白色细纱线，最后用 Touch soft head PB74 号马克笔完善面料的细节。

# 第 7 章
## 常 见 配 饰 的 绘 制 与 表 现

在时装设计造型中，配饰不仅可以
起到填充画面的作用，还可以使造
型的整体效果更加完整和丰富，锦
上添花。本章主要讲述帽子、鞋、包、
墨镜及首饰的绘制与表现。

# 7.1 帽子的绘制与表现

在时装画绘制中，常见的帽子有草帽、棒球帽和毛线帽等。

## 7.1.1 绘制草帽

演 示 视 频

草帽主要是用席草、棕绳等材料编织而成的，通常在一些夏季旅行类的穿搭中出现。在绘制中，需要特别注意帽檐弧度的表现，以及草帽纹理和质感的塑造。

**绘制要点：** 注意编织材质的表现。

**使用工具及颜色：** 铅笔、樱花 003 号 /01 号针管笔、法卡勒三代 E415 号 /E416 号 /E417 号马克笔、黑色小号双头记号笔。

法卡勒三代 E415　　法卡勒三代 E416　　法卡勒三代 E417

» **绘制步骤**

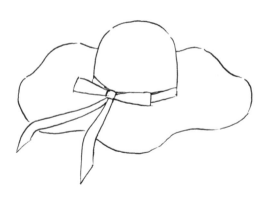

*1* 用铅笔勾勒出草帽的草稿，用樱花 01 号针管笔勾勒轮廓。将铅笔线迹擦除，得到干净的线稿。

*2* 用法卡勒三代 E415 号马克笔的软头平铺一层颜色。

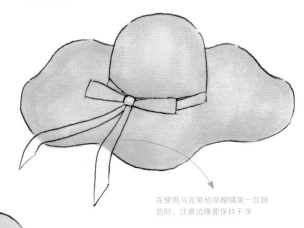

在使用马克笔给草帽铺第一层颜色时，注意边缘要保持干净

*3* 用法卡勒三代 E416 号马克笔的软头绘制草帽的阴影部分。

*4* 用法卡勒三代 E417 号马克笔的软头刻画
草帽的颜色更深的阴影部分，使之看起来更有
立体感。

丝带的粗细要根据草帽的
起伏来确定，丝带的边缘
一定要仔细处理

*5* 用黑色小号双头记号笔
绘制草帽上的黑色丝带。

刻画编织细节时，可根据阴影部分来确定需要
刻画的部分。编织细节可采用不同方向的 "y"
字形进行刻画，线条尽量松散一些，避免死板

*6* 用樱花 003 号针管笔刻画草帽的编
织细节。

# 7.1.2 绘制棒球帽

棒球帽由帽舌和帽顶两部分构成，且带有明辑线，常在一些日常休闲或嘻哈街头类的穿搭中出现。棒球帽表面整体是比较平滑的，且比较挺括，在绘制时要注意光影和明暗面的塑造。

**绘制要点：** 注意由角度变化引起的帽舌形状的变化。

**使用工具及颜色：** 铅笔、樱花 005 号 /03 号针管笔、Touch soft head WG1 号 /WG3 号 /WG5 号马克笔。

演示视频

Touch soft head WG1

Touch soft head WG3

Touch soft head WG5

» **绘制步骤**

*1* 用铅笔勾勒出棒球帽的草稿，再用樱花 03 号针管笔勾勒轮廓。将铅笔线迹擦除，得到干净的线稿。

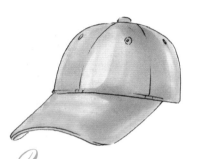

*2* 用 Touch soft head WG1 号马克笔为棒球帽平铺底色，然后叠加绘制出阴影。

*3* 用 Touch soft head WG3 号马克笔加深棒球帽的阴影部分。

*4* 用 Touch soft head WG5 号马克笔刻画颜色更深的阴影部分。

阴影的叠加面积应逐渐缩小，这样每一层颜色的衔接会更自然。细小的部分可用马克笔的细头来完成，绘制效果会更加精致

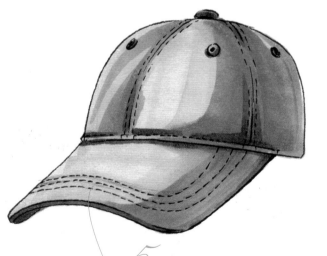

*5* 用樱花 005 号针管笔刻画帽子上的明辑线。

注意帽檐上明辑线的透视关系，表现为左边稍密，右边稍疏。虚线的长短尽量保持统一

# 7.1.3 绘制毛线帽

　　毛线帽由毛线编织而成，并且织法多种多样，通常在冬季的穿搭中出现。在绘制时，需要特别注意编织质感的表现和顶部毛球质感的表现。

演 示 视 频

**绘制要点：**注意纹路和绒毛质感的表现。

**使用工具及颜色：**铅笔、樱花 01 号针管笔、Touch 45 号马克笔、Touch soft head Y49 号 /Y45 号 /BR104 号 /BR97 号马克笔。

| Touch 45 | Touch soft head Y49 | Touch soft head Y45 | Touch soft head BR104 | Touch soft head BR97 |

**» 绘制步骤**

2 用 Touch 45 号马克笔平铺一层底色。

在绘制帽顶的毛球时，注意在内部用一些短线表现毛球的质感

平铺底色可选择先用马克笔的细头勾勒轮廓线，再用粗头填色；也可先用马克笔的粗头排线，再用细头修整边缘

1 用铅笔勾勒出棒球帽的草稿，再用樱花 01 号针管笔勾勒轮廓。将铅笔线迹擦除，得到干净的线稿。

此处叠加阴影均使用的是马克笔粗头，注意笔头与纸面的接触面积及角度要根据帽子的具体形态来决定

3 用 Touch soft head Y49 号马克笔、Touch soft head Y45 号马克笔叠加表现帽子的阴影部分。

5 用樱花 01 号针管笔刻画编织纹路的细节。

为了使其立体感更强、更精细，在使用 Touch soft head BR97 号马克笔刻画最深的阴影时可采用细头来完成，同时注意边缘的处理要细致

麦穗状处编织细节可用小短线来刻画，下方纹路可用"人"字形或"y"字形来刻画

4 用 Touch soft head BR104 号马克笔、Touch soft head BR97 号马克笔加深帽子凹陷部分的颜色，以及毛球、麦穗状编织部分的阴影。

# 7.2 鞋子的绘制与表现

在时装画绘制中，常见的鞋子有短靴、高跟鞋和运动鞋等。

## 7.2.1 绘制短靴

演 示 视 频

短靴的经典代表款式有马丁靴、切尔西短靴及针织袜靴等，通常在一些户外活动或休闲类的穿搭中出现。在绘制时，需要特别注意其挺括质感的表现和光影效果的塑造。

**绘制要点：** 此款短靴细节较多，绘制步骤需遵循先浅后深、先整体后局部的顺序。此款短靴的鞋带较长，绘制时注意鞋带下方阴影细节的刻画。

**使用工具及颜色：** 铅笔、樱花 01 号针管笔、法卡勒三代 E410 号 /E411 号 /E412 号 /191 号马克笔、Touch soft head Y45 号 /GG3 号 /CG8 号马克笔、黑色小号双头记号笔、斯塔银色金属笔、三菱 0.7mm/0.9 ~ 1.3mm 高光笔。

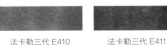

法卡勒三代 E410   法卡勒三代 E411   法卡勒三代 E412

法卡勒三代 191   Touch soft head Y45   斯塔银色

Touch soft head GG3   Touch soft head CG8

» **绘制步骤**

*1* 用铅笔勾勒出鞋子的草稿。

*2* 用樱花 01 号针管笔勾勒轮廓。将铅笔线迹擦除，得到干净的线稿。

*3* 用法卡勒三代 E410 号马克笔平涂鞋子的皮革部分；用 Touch soft head CG8 号马克笔绘制皮革和鞋底交界处；用法卡勒三代 191 号马克笔平涂鞋底、鞋跟及小拉环的外侧，再用 Touch soft head Y45 号马克笔绘制小拉环的内侧。

*4* 用法卡勒三代 E411 号马克笔、法卡勒三代 E412 号马克笔叠加绘制皮革的阴影部分。

注意，鞋的孔扣虽然细小，但也是有明暗面的，在绘制时需要适当进行表现

*5* 用黑色小号双头记号笔绘制鞋带，以及皮革和鞋底交界处；用 Touch soft head CG8 号马克笔加深鞋底上部；使用斯塔银色金属笔绘制鞋的孔扣，并用樱花 01 号针管笔刻画孔扣的边缘。

在绘制明辑线时，注意要顺着鞋帮的轮廓进行表现，且随着透视关系的变化，明辑线的长短也会表现得不一样

*6* 用 Touch soft head GG3 号马克笔叠加小拉环内侧，以表现阴影；用法卡勒三代 E411 号马克笔绘制鞋带的阴影；用三菱 0.7mm 高光笔绘制细明辑线，再用 0.9 ~ 1.3mm 高光笔绘制粗明辑线。

# 7.2.2 绘制高跟鞋

穿高跟鞋是女性提升气质和自信的有效方法之一。纤细的鞋跟、完美的弧线可以让女性在职场、宴会等不同场合拥有或优雅或时尚的光环。

演 示 视 频

**绘制要点：** 此款高跟鞋为银色镜面材质，因此反光部分可采用留白技法来表现，灰色部分的深浅变化应尽量丰富一些，并且过渡要自然。

**使用工具及颜色：** 铅笔、樱花 005 号 /01 号针管笔、法卡勒三代 R375 号 /E173 号 /E174 号马克笔、Touch soft head BR97 号 /BR102 号 /CG4 号 /CG6 号 /CG8 号马克笔、Touch mark GG1 号马克笔、中柏小楷秀丽笔。

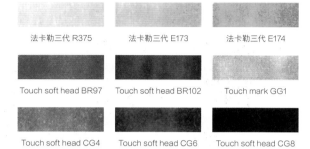

| 法卡勒三代 R375 | 法卡勒三代 E173 | 法卡勒三代 E174 |
| --- | --- | --- |
| Touch soft head BR97 | Touch soft head BR102 | Touch mark GG1 |
| Touch soft head CG4 | Touch soft head CG6 | Touch soft head CG8 |

» **绘制步骤**

*1* 用铅笔勾勒出高跟鞋的草稿。

*2* 用樱花 01 号针管笔勾勒轮廓。将铅笔线迹擦除，得到干净的线稿。

*3* 用法卡勒三代 R375 号马克笔的软头绘制中底皮；用法卡勒三代 E173 号及法卡勒三代 E174 号马克笔绘制高跟鞋鞋帮内侧，绘制时注意叠加阴影；用 Touch soft head BR97 号及 Touch soft head BR102 号马克笔绘制鞋底。

4 用铅笔将鞋面的反光形状勾勒一下。用 Touch mark GG1 号马克笔和 Touch soft head CG4 号马克笔绘制较浅的银色部分。

注意，鞋面的反光需要跟随着鞋面的凹凸和转折变化而变化，且呈不规则的形状

5 用 Touch soft head CG6 号及 Touch soft head CG8 号马克笔绘制较深的银色部分。

鞋面上颜色最深的部分主要集中在后跟与侧面。绘制内里辑线时注意，线条之间连接要流畅

6 用中柏小楷秀丽笔刻画鞋面上颜色最深的部分，最后用樱花 005 号针管笔绘制内里辑线。

## 7.2.3 绘制运动鞋

运动鞋多由纺织材料、合成材料等制成，柔软轻巧，块面较多，且细节丰富，鞋面多有透气孔。运动鞋通常在运动和休闲类的穿搭中出现。

演示视频

**绘制要点：** 运动鞋块面较多，因此在绘制线稿时需要将其分割清楚；同时，运动鞋鞋面多有透气孔，在绘制时需要注意表现。

**使用工具及颜色：** 铅笔、樱花 005/01 号针管笔、温莎牛顿 Y418 号马克笔、Touch mark GG1 号 /CG1 号 /166 号 / 62 号马克笔、Touch soft head YR24 号 /GG3 号 /CG4 号马克笔、黑色小号双头记号笔、温莎牛顿 163 号马克笔（白色）。

温莎牛顿 Y418

Touch mark CG1

Touch mark 166

Touch soft head YR24

Touch mark 62

Touch soft head GG3

Touch soft head CG4

Touch mark GG1

» **绘制步骤**

*1* 用铅笔勾勒出运动鞋的草稿。

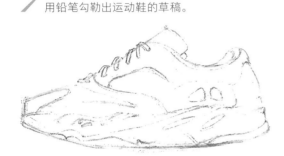

*2* 用樱花 01 号针管笔勾勒出运动鞋的轮廓。将铅笔线迹擦除，得到干净的线稿。

*3* 用温莎牛顿 Y418 号马克笔绘制鞋底上的浅黄部分。用 Touch mark GG1 号马克笔绘制鞋上的冷灰色部分。用 Touch mark CG1 号马克笔绘制鞋面和鞋帮上的铁灰色部分。

4 用 Touch mark 166 号马克笔绘制鞋带，用 Touch soft head YR24 号马克笔绘制鞋底的黄色装饰，用 Touch mark 62 号马克笔绘制鞋面上的绿色装饰，用黑色小号双头记号笔绘制鞋面及鞋底的黑色部分，注意色块轮廓要保持干净、流畅。

用 Touch soft head GG3 号马克笔刻画鞋底上的阴影时，要依据鞋底的凹凸起伏来运笔，且笔触要有粗细变化。用 Touch soft head CG4 号马克笔刻画鞋面上的阴影时，要根据鞋面的轮廓线运笔，尤其要注意鞋带下方阴影的刻画

5 用 Touch soft head GG3 号马克笔刻画鞋底上的阴影，用 Touch soft head CG4 号马克笔刻画鞋面上的阴影。

由于透气孔和明辑线的线迹非常细，因此，一定要选择极细的针管笔进行刻画；由于鞋底上的反光效果是柔和的，因此，不能选择太白的高光笔来绘制

6 用樱花 005 号针管笔绘制透气孔、明辑线等细节，用温莎牛顿 163 号马克笔（白色）绘制鞋底上方的受光部分。

# 7.3 包的绘制与表现

在时装画绘制中，常见的包有挎包、提包和购物袋等。

## 7.3.1 绘制铆钉挎包

演 示 视 频

本案例中的铆钉挎包由牛皮材质制成，表面有较大面积的反光，且包面上有铆钉等金属装饰，通常在一些个性、时尚的穿搭中出现。

**绘制要点：** 注意高光细节的表现。

**使用工具及颜色：** 铅笔、樱花 01 号针管笔、Touch soft head CG6 号 /CG8 号马克笔、温莎牛顿 163 号马克笔（白色）、斯塔金色金属笔、三菱 0.7mm 高光笔。

Touch soft head CG6

Touch soft head CG8

斯塔金色

» **绘制步骤**

*1* 用铅笔勾勒出铆钉挎包的草稿。

*2* 用樱花 01 号针管笔勾勒轮廓，并将铅笔线迹擦除，得到干净的线稿。

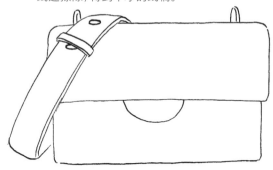

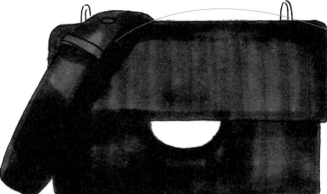

此包阴影较明显的部位为包带下方、包盖下方及包盖外边缘

*3* 用 Touch soft head CG6 号马克笔进行整体平涂（除金属装饰外），然后叠加绘制阴影部分。

4 用 Touch soft head CG8 号马克笔加深包的阴影，并绘制包带上的孔。

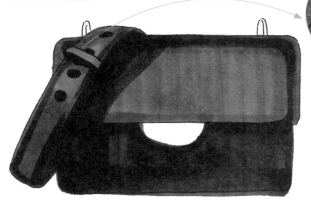

5 用三菱 0.7mm 高光笔绘制包上的明辑线和背带孔的反光。用温莎牛顿 163 号马克笔（白色）绘制牛皮大面积的反光。

明辑线的长短和粗细尽量保持统一；牛皮的反光效果是柔和的，因此不能选择太白的高光笔来绘制，技法上选择扫笔来完成，使高光淡出自然

为了凸显铆钉的立体状态，需要绘制其高光和投影，甚至每一颗铆钉的暗部

6 用斯塔金色金属笔绘制包上的铆钉和其他金属部分，然后用 Touch soft head CG6 号马克笔刻画包盖顶部金属部件的阴影。用樱花 01 号针管笔刻画铆钉的投影，用三菱 0.7mm 高光笔刻画金属部件的高光。

# 7.3.2 绘制流苏提包

　　流苏一直是活跃在时尚圈的流行元素。流苏提包能展现出热情、活力。本案例介绍的是一款麂皮双层流苏两用包的绘制。此包有银色把手和斜挎背带，可提可挎，通常在一些时尚的穿搭中出现。

演 示 视 频

　　**绘制要点：** 要表现出流苏根根分明的状态，就要先用针管笔绘制出一根根流苏，再用上色工具表现其立体感。

　　**使用工具及颜色：** 铅笔、樱花 005 号针管笔、Touch soft head WG1 号 /WG3 号 /WG5 号 /WG7 号马克笔、Touch mark GG1 号 /GG7 号马克笔。

Touch soft head WG1

Touch soft head WG3

Touch soft head WG5

Touch soft head WG7

Touch mark GG1

Touch mark GG7

## 》 **绘制步骤**

*1* 用铅笔勾勒草稿。

*2* 用樱花 005 号针管笔勾勒轮廓，并将铅笔线迹擦除，得到干净的线稿。

*3* 用 Touch soft head WG1 号马克笔平铺底色（除把手外）。

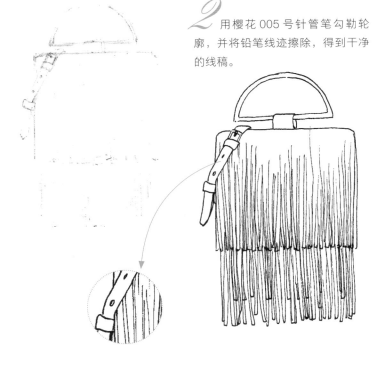

在平铺底色时要注意，铺色要均匀，同时通过底色将包的转折面及明暗面表现出来

126

4 用 Touch soft head WG3 号马克笔叠加第一层
阴影，然后用 Touch soft head WG5 号马克笔叠加
绘制阴影。

由于流苏很细，在绘制和叠加阴影时可交
替使用马克笔的粗头和细头，且笔触一定
要有粗细变化，保持收笔时要细、虚，以
更好地与上一层颜色进行衔接

流苏的明暗面的合理表现有利于清晰地表达出流苏的位置
关系，以及排布的疏密关系。一般流苏堆积较多的位置颜
色都较深，流苏堆积较少的位置颜色都较浅

把手的阴影集中在内侧，同时
搭配较深的轮廓线出现。把手
不同位置的变化，其阴影的面
积大小与颜色深浅也会不一样

最深的阴影处稍微刻画即可；包把
手的绘制可进行部分留白处理

5 用 Touch soft head WG7 号马克笔刻画最深的
阴影，用 Touch mark GG1 号马克笔绘制银色把手，用
Touch mark GG7 号马克笔刻画把手的阴影，再用樱花
005 号针管笔修整把手的轮廓和包的明辑线等细节。

### 7.3.3 绘制迷彩购物袋

演 示 视 频

　　随着环保理念逐渐深入人心，不少人出门都会选择可反复使用的环保购物袋。迷彩花纹硬朗帅气，与购物袋结合更能满足当下年轻人对环保时尚的追求。迷彩购物袋通常在一些表现个性和追求复古的穿搭中出现。

　　**绘制要点：**迷彩购物袋的上色顺序为先上底色后绘制花纹。要注意迷彩花纹的形状有大有小，形态各异。

　　**使用工具及颜色：**铅笔、樱花 01 号针管笔、Touch soft head BR104 号 /GY47 号 /Y42 号马克笔、法卡勒三代 191 号马克笔、三菱 0.7mm 高光笔。

Touch soft head BR104

Touch soft head GY47

Touch soft head Y42

法卡勒三代 191

» **绘制步骤**

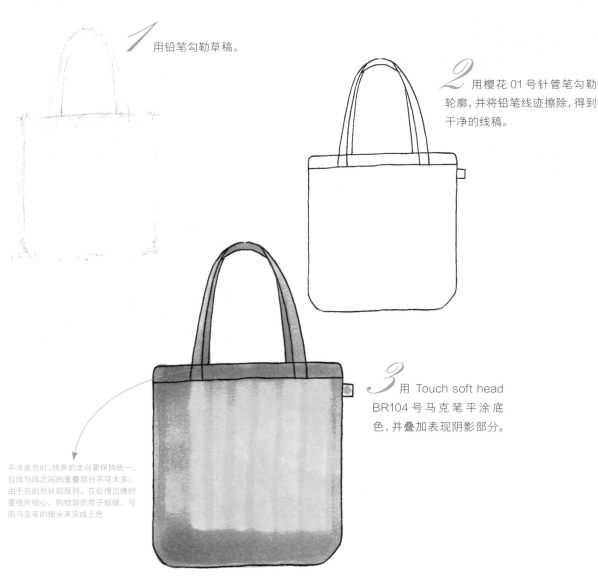

*1* 用铅笔勾勒草稿。

*2* 用樱花 01 号针管笔勾勒轮廓，并将铅笔线迹擦除，得到干净的线稿。

*3* 用 Touch soft head BR104 号马克笔平涂底色，并叠加表现阴影部分。

平涂底色时，线条的走向要保持统一，且线与线之间的重叠部分不可太多；由于包的形状较规则，在处理边缘时要格外细心。购物袋的带子较细，可用马克笔的细头来完成上色

*4* 用 Touch soft head GY47 号
马克笔绘制第一层迷彩花纹，注意要
保持花纹大小各异，排列上随机一些。

*5* 用 Touch soft head
Y42 号马克笔按照与第一
层同样的方法绘制第二
层迷彩花纹。

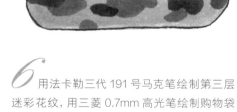

*6* 用法卡勒三代 191 号马克笔绘制第三层
迷彩花纹，用三菱 0.7mm 高光笔绘制购物袋
上的明辑线。

迷彩花纹通常由3种深浅不同的同类色组成，
因此在颜色的选择上一定要准确。每一块迷
彩花纹的形状、面积都是不一样的，且每三
个颜色组合在一起时尽量要有大小之分，看
起来更加形象、自然

# 7.4 墨镜的绘制与表现

在时装画绘制中，常见的墨镜有深色墨镜、浅色墨镜和夸张装饰墨镜等。

## 7.4.1 绘制深色墨镜

深色墨镜属于较为百搭和经典的装饰品，适用于多种场合，有修饰脸形、遮挡倦容及提升气场的作用。在绘制时需要特别注意镜框和镜片两种质感的区别。

演 示 视 频

**绘制要点：** 要注意透视关系导致的镜片大小和镜腿形态的不同。此款墨镜的高光是柔和的，因此可选择白色马克笔来表现。

**使用工具及颜色：** 铅笔、樱花 005 号 /01 号针管笔、Touch mark GG1 号马克笔、Touch soft head BR91 号马克笔、法卡勒三代 191 号马克笔、斯塔金色金属笔、温莎牛顿 163 号马克笔（白色）。

Touch mark GG1    Touch soft head BR91    斯塔金色    法卡勒三代 191

**》 绘制步骤**

 用铅笔勾勒草稿，注意透视关系。

2 用樱花 005 号针管笔勾勒线条，待纸面干透后将铅笔线迹擦除，得到干净的线稿。

3 用法卡勒三代 191 号马克笔平涂镜片，用樱花 01 号针管笔平涂镜片的边缘和脚套部分。

4 用斯塔金色金属笔绘制镜腿、鼻梁及镜片上的铆钉，然后用 Touch mark GG1 号马克笔平涂鼻托。

5 用温莎牛顿 163 号马克笔（白色）绘制镜片上的高光，用 Touch soft head BR91 号马克笔叠加表现镜腿的阴影。

# 7.4.2 绘制浅色墨镜

浅色墨镜在服装造型搭配中起着画龙点睛的作用。其中，猫眼镜框可以拉长脸部线条，是一种有助于打造个人风格的时髦单品，通常在一些追求个性和时尚的穿搭中出现。

**绘制要点：** 浅色墨镜的镜片上没有明显的高光，主要靠颜色的叠加营造立体感。绘制时，色彩的过渡要自然。

**使用工具及颜色：** 铅笔、樱花 01 号针管笔、Touch mark 166 号 /167 号 /GG1 号 /BG3 号马克笔、Touch soft head GG3 号马克笔、黑色小号双头记号笔。

Touch mark 166

Touch mark 167

Touch soft head GG3

Touch mark GG1

Touch mark BG3

## » 绘制步骤

**1** 用铅笔勾勒草稿，注意透视关系。

**2** 用樱花 01 号针管笔勾勒轮廓，并将铅笔线迹擦除，得到干净的线稿。

**3** 用 Touch mark 166 号马克笔平涂镜片，然后用 Touch mark 167 号马克笔叠加表现镜片的阴影。两种颜色的过渡要尽量自然。

**4** 用 Touch mark BG3 号马克笔绘制镜腿（透过镜片看到的镜腿色彩是有变化的，所以这里先不涂），用 Touch mark GG1 号马克笔绘制镜框部分。

条纹在不同的面上会呈现出不同的方向变化，注意保持同一个面上条纹的平行状态

**5** 用 Touch soft head GG3 号马克笔给镜片后的镜腿和鼻托上一层淡淡的颜色。最后用黑色小号双头记号笔绘制镜框上的条纹。绘制完成后，若发现轮廓线不够细致，可用针管笔或记号笔对其进行整体修整。

## 7.4.3　绘制夸张装饰墨镜

在复杂而又多样的个性化时代，可以看到多种时尚潮流、奇特怪异的墨镜款式。本案例要演示的是一款复古夸张的圆形墨镜的绘制。

**绘制要点：**此款墨镜的镜片反光较为明显，需要用高光笔进行表现；镜框四周有珍珠装饰，需要将每一颗珍珠的立体感都表现出来。

**使用工具及颜色：**铅笔、樱花 01 号针管笔、黑色小号双头记号笔、Touch soft head Y45 号马克笔、法卡勒三代 E164 号 /E416 号 /E412 号马克笔、温莎牛顿 Y129 号马克笔、斯塔金色金属笔、三菱 0.7mm/ 0.9 ~ 1.3mm 高光笔。

Touch soft head Y45

法卡勒三代 E164

温莎牛顿 Y129

法卡勒三代 E416

法卡勒三代 E412

斯塔金色

» **绘制步骤**

*1* 用铅笔勾勒草稿。

*2* 用樱花 01 号针管笔勾勒轮廓，并将铅笔线迹擦除，得到干净的线稿。

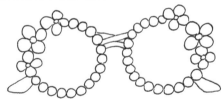

*3* 用黑色小号双头记号笔平涂镜片和镜腿部分。

*4* 用 Touch soft head Y45 号马克笔绘制花蕊，用温莎牛顿 Y129 号、法卡勒三代 E416/E412 号马克笔分别绘制珍珠装饰的底色、暗部及明暗交界线，再用斯塔金色金属笔绘制鼻梁部分。

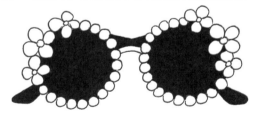

*5* 用三菱 0.7mm 高光笔刻画镜腿上的高光，用三菱 0.9 ~ 1.3mm 高光笔绘制镜片上的高光，再用法卡勒三代 E164 号马克笔表现花蕊的阴影。

# 7.5 首饰的绘制与表现

在时装画绘制中，常见的首饰有耳环、项链和手镯等。

## 7.5.1 绘制宝石耳环

水滴状的宝石耳环可以烘托女性精致优雅的气质，金色坠托部分会产生镜面反光。这款耳饰通常在休闲度假风格的服装搭配中出现。

演 示 视 频

**绘制要点：** 此款耳饰的绘制要点在于宝石质感的表现，宝石的各个切割面要用深浅不同的同色系颜色来绘制，金属边框在宝石上的反光细节也要注意。

**使用工具及颜色：** 铅笔、樱花 005 号针管笔、Touch mark CG1 号马克笔、Touch soft head CG4 号 /CG6 号 /CG8 号 /BR104 号 /BR97 号 /WG9 号马克笔、法卡勒三代 191 号马克笔、斯塔金色金属笔、三菱 0.7mm 高光笔。

Touch mark CG1

Touch soft head CG4

Touch soft head CG6

Touch soft head CG8

法卡勒三代 191 号

Touch soft head BR104

Touch soft head BR97

Touch soft head WG9

斯塔金色

» **绘制步骤**

*2* 用樱花 005 号针管笔勾勒轮廓，并将铅笔线迹擦除，得到干净的线稿。

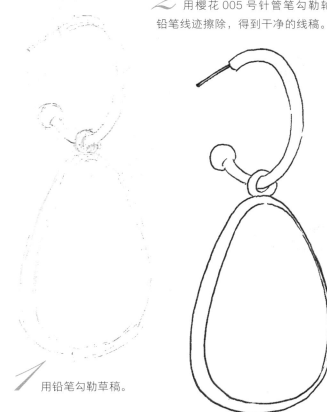

*1* 用铅笔勾勒草稿。

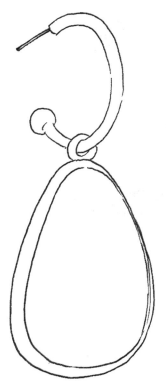

*3* 用铅笔把宝石的切割面勾勒出来。用 Touch mark CG1 号马克笔和 Touch soft head CG4 号马克笔绘制宝石较浅的面。

4 用 Touch soft head CG6/
CG8 号马克笔、法卡勒三代 191
号马克笔绘制宝石颜色较深的面。
将最亮的两个面留白。

5 用 Touch soft head BR104
号马克笔平涂金属部分，用 Touch
soft head BR97 号 马 克 笔 表 现
出金属的暗部，再用 Touch soft
head WG9 号马克笔刻画金属上
颜色最深的部分。

6 用斯塔金色金属笔刻画金属
的局部细节及金属在宝石上的反
光，最后用三菱 0.7mm 高光笔
绘制金属部分的高光。绘制时注
意，条状金属和圆形金属的高光
形态是不同的。

由于光源设定在宝石左边，因此
要谨慎处理右边和下方边缘的黑
色与金属部分的衔接部分，保持
平滑和圆润

由于金属部分形状呈细条状，因
此用马克笔的细头进行刻画效果
更佳。金属暗部的笔触均为线状
或点状

注意，条状金属的高光通常为线
状或点状，圆形金属的高光通常
为点状或块状

## 7.5.2 绘制珍珠项链

本案例中的珍珠项链是由大小不同的 3 种珍珠用红绳串连制作而成的，红绳的长短可自行调节。红色代表着热情与活泼，因此这样的珍珠项链通常会在俏皮可爱风格的穿搭中出现。

**绘制要点：**珍珠项链的绘制要点在于每一颗珍珠立体感的表现。

**使用工具及颜色：**铅笔、樱花 005 号针管笔、法卡勒三代 R356 号 /R357 号马克笔、Touch soft head R16 号 / R1 号马克笔、Touch 4 号马克笔、三菱 0.9 ~ 1.3mm 高光笔。

法卡勒三代 R356

法卡勒三代 R357

Touch soft head R16

Touch 4

Touch soft head R1

» **绘制步骤**

用铅笔勾勒草稿。

用樱花 005 号针管笔勾勒轮廓，并将铅笔线迹擦除，得到干净的线稿。

用法卡勒三代 R356 号马克笔整体平铺底色，用法卡勒三代 R357 号马克笔表现灰面。

球状物体的灰面通常呈 "U" 字形

用 Touch soft head R16 号、Touch 4 号马克笔依次加深每一颗珍珠的灰面。

大珍珠的暗部通常呈线状，小珍珠的暗部通常呈点状

用 Touch soft head R1 号马克笔刻画珍珠的暗部，用三菱 0.9 ~ 1.3mm 高光笔提亮珍珠的高光部分。最后用 Touch 4 号马克笔加深绳子的暗部。

## 7.5.3 绘制木纹手镯

演 示 视 频

木纹手镯简单别致，悠然静雅。原生态的纹路、细致的抛光打磨别具韵味，可以与其他潮流饰品进行自由搭配。

**绘制要点：** 注意木纹转折的方向，色彩明暗过渡要自然。木头本无高光，但刷上清漆后会有一层柔和的高光。

**使用工具及颜色：** 铅笔、樱花 01 号针管笔、法卡勒三代 E416 号 /E20 号 /E164 号 /E412 号马克笔、Touch mark 103 号 /21 号马克笔、温莎牛顿 163 号马克笔（白色）、黑色小号双头记号笔。

法卡勒三代 E416

法卡勒三代 E20

法卡勒三代 E164

Touch mark 103

Touch mark 21

法卡勒三代 E412

» **绘制步骤**

*1* 用铅笔勾勒草稿。

*2* 用樱花 01 号针管笔勾勒轮廓，并将铅笔线迹擦除，得到干净的线稿。

*3* 用法卡勒三代 E416 号马克笔平涂底色，并用同一支马克笔叠加表现其暗部。

*4* 用法卡勒三代 E20、法卡勒三代 E164 号马克笔逐层加深手镯的阴影部分。

*5* 用 Touch mark 103 号 /21 号马克笔绘制木纹手镯上的纹路。

*6* 用法卡勒三代 E412 号马克笔刻画木纹的细节，用温莎牛顿 163 号马克笔（白色）绘制木纹手镯的高光部分。最后，用黑色小号双头记号笔修整边缘轮廓。

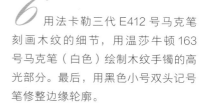

# 第 8 章
# 时装画效果图
# 案例解析

在学习了前边的知识之后，相信大家
对时装画绘制的方法与技巧已经有了
一个比较清晰、系统的了解。本章将
从水溶性彩铅干画法，水溶性彩铅加
水技法，马克笔的平涂、叠加、留白
技法及综合材料的使用与创意表现等
方面，对休闲装、礼服、大衣、牛仔、
薄纱及雪纺等服装效果图的绘制进行
完整的讲解与示范，目的是让大家能
够全方位地掌握时装画的绘制技法，
并做到举一反三。

# 8.1 制作水溶性彩铅时装画效果图

作为时装画的基本上色工具,彩铅是我们必须要练习的。在不加水的情况下,使用油性彩铅或是水溶性彩铅给时装画上色都是可以的。其中,油性彩铅的上色方法相对简单。下面,我们通过两个案例来学习水溶性彩铅的两种运用方法。

## 8.1.1 职场女王——水溶性彩铅干画法的运用

演 示 视 频

本案例绘制的是一款无袖、收腰牛仔上衣加牛仔喇叭裤的套装。服装整体比较贴身,风格偏干练。牛仔面料没有经过特殊工艺处理,属于较为纯正的牛仔布,并且附有明辑线装饰。

**绘制要点:** 彩铅上色通常会采用由浅及深、先轻后重和逐层深入的上色顺序,尤其注意色彩的过渡要自然。同时,边缘轮廓线尽量画得细一点、实一点,这样立体感会更强。在绘画前,根据牛仔面料的颜色选择 2 支或 3 支同一色系的彩铅备用。牛仔面料较为厚实,没有明显的光泽,因此高光面积较大且较柔和。衣缝线旁的明辑线为牛仔服装的标志性工艺,在图中一定要将其表现出来。

**使用工具及颜色:** 铅笔、酷笔客棕褐色 0.1 号针管笔、吴竹棕色 02 号针管笔、慕娜美浅蓝色 / 墨蓝色水笔、辉柏嘉浅肉色 / 深肉色 / 棕色水溶性彩铅、施德楼铁锈色 / 红棕色 / 浅灰蓝色 / 深灰蓝色 / 深灰色 / 宝蓝色 / 大红色水溶性彩铅、三菱 0.7mm 高光笔。

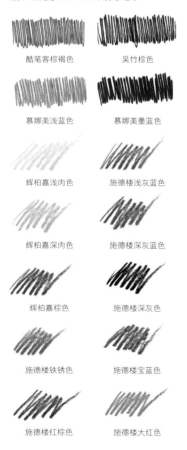

酷笔客棕褐色　　　吴竹棕色

慕娜美浅蓝色　　　慕娜美墨蓝色

辉柏嘉浅肉色　　　施德楼浅灰蓝色

辉柏嘉深肉色　　　施德楼深灰蓝色

辉柏嘉棕色　　　施德楼深灰色

施德楼铁锈色　　　施德楼宝蓝色

施德楼红棕色　　　施德楼大红色

**» 绘画步骤**

用铅笔绘制人体比例线、动态线及简体状态。绘制时注意构图要合适,找准重心。

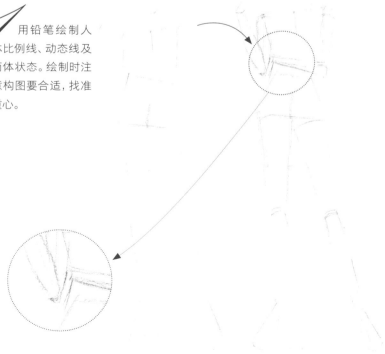

*3* 用酷笔客棕褐色 0.1 号针管笔勾勒人体裸露的部分，用吴竹棕色 02 号针管笔勾勒头发、五官、鞋子及高领衫，用慕娜美浅蓝色水笔勾勒服装部分，用慕娜美墨蓝色水笔勾勒手镯。

当纸张较小、绘制面积有限时，可对五官进行省略处理，绘制眉毛、上眼睑、眼球、部分鼻孔、嘴角等主要结构，省略泪腺、鼻翼等次要结构

第一层铺色时，笔压要轻，用力要均匀，这样有助于叠色效果的表现

*4* 擦除铅笔线迹。用辉柏嘉浅肉色彩铅在人体裸露的部分平铺一遍底色。

*2* 根据人体动态添加服装的大致轮廓，并逐渐细化款式细节，同时绘制五官、发型、手脚、手镯及鞋子等细节。

第一次的叠加面积可稍宽，为第二次叠加做好铺垫

在上色时，注意最外侧靠前的部分可以稍微进行留白

第二次的叠加面积较小，主要叠加阴影最深的部位，且色彩过渡要自然。在勾勒轮廓时，一定要保持笔尖尖锐，这样画出的线条才会显得比较实

*5* 用辉柏嘉深肉色彩铅叠加表现人体裸露部分的阴影。

*6* 用辉柏嘉棕色彩铅勾勒皮肤轮廓，并刻画皮肤上颜色最深的阴影。

*7* 用施德楼铁锈色彩铅绘制第一层发色。

同一支彩铅，笔压不可绘制出不同深浅的颜色

外侧阴影

内侧头发

绘制这一层颜色时，注意颜色不要太重，否则可能影响后面的叠加效果

*8* 用施德楼红棕色彩铅叠加并刻画靠内侧的头发及外侧的阴影部分。

*9* 用施德楼浅灰蓝色彩铅平涂一遍牛仔上衣及裤子。

叠加时注意，运笔方向要随着服装的廓形和褶皱的变化而变化

*10* 用施德楼浅灰蓝色彩铅将牛仔服装的阴影部分叠加表现出来。

绘制时，可以
通过改变笔压
让手镯的各个
面呈现出深浅
不同的变化

亮面

暗面

*13* 用施德楼宝蓝色彩铅绘
制手镯。

*12* 用施德楼深灰色彩
铅绘制高领及鞋底部分。

*11* 用施德楼深灰蓝色彩铅
刻画牛仔服装的阴影部分及
外轮廓线。

眉毛的刻画主要在于填色，眉头可稍微表现出毛发感

在绘制眼线时注意，上眼线要稍重一些，以让眼睛看起来更有神

绘制瞳孔时，应避免一片"死黑"，而是要保持一定的留白和深浅变化，使其透气一些

嘴唇上色时，注意保持边缘的光滑和干净

腮红上色时，应注意对范围和颜色深浅变化的控制

*15* 用施德楼深灰色彩铅刻画牛仔服装阴影最重的部分，强化立体感。

*14* 用施德楼浅灰蓝色平涂眼珠，用施德楼大红色彩铅绘制嘴唇、眼影及腮红，用辉柏嘉棕色彩铅刻画眉毛，用辉柏嘉深肉色、棕色彩铅加强面部的立体感，用吴竹棕色 02 号针管笔刻画眼线、睫毛及瞳孔，用三菱 0.7mm 高光笔点出瞳孔和嘴唇处的高光。

手镯阴影最重的部分可以直接涂黑，但要注意留出边缘的反光

*17* 用吴竹棕色02号针管笔绘制牛仔服装上的明辑线并深化细节。

明辑线要注意保持节奏感，应长短错落、并排式地体现

*16* 用施德楼深灰色彩铅刻画头发及手镯上阴影最重的部分，强化立体感。

# 8.1.2 戛纳盛宴——水溶性彩铅加水技法的运用

演 示 视 频

本案例绘制的是一款无袖、深 V 领、高腰且裙长及地的长礼服，整体风格偏高贵优雅。面料为轻薄透明的薄纱，有着轻柔飘逸的质感，礼服上带有一些花朵纹样装饰。

**绘制要点：**采用水溶性彩铅加水技法绘画时一定要使用水彩纸，并且要提前裱纸，否则一旦加水较多，纸张就很容易起皱变形。整个薄纱面料及上面的花朵纹样装饰均采用湿毛笔取色晕染技法来完成。注意腿部的透色表现。

**使用工具及颜色：**铅笔、酷笔客棕褐色 0.1 号针管笔、辉柏嘉浅肉色 / 深肉色 / 棕色水溶性彩铅、施德楼浅粉色 / 中粉色 / 深粉色 / 金棕色 / 棕红色水溶性彩铅、自来水笔、马可黑色中炭笔、酷喜乐白色软炭笔、三菱 0.7mm 高光笔。

酷笔客棕褐色

辉柏嘉浅肉色

辉柏嘉深肉色

辉柏嘉棕色

施德楼浅粉色

施德楼中粉色

施德楼深粉色

施德楼金棕色

施德楼棕红色

## » 绘画步骤

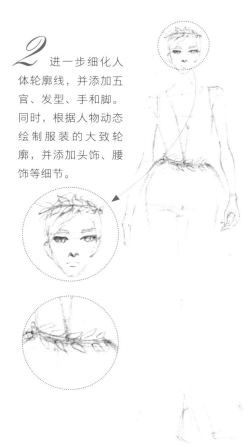

2 进一步细化人体轮廓线，并添加五官、发型、手和脚。同时，根据人物动态绘制服装的大致轮廓，并添加头饰、腰饰等细节。

1 用铅笔绘制出人体比例线、动态线，展现出简体状态。

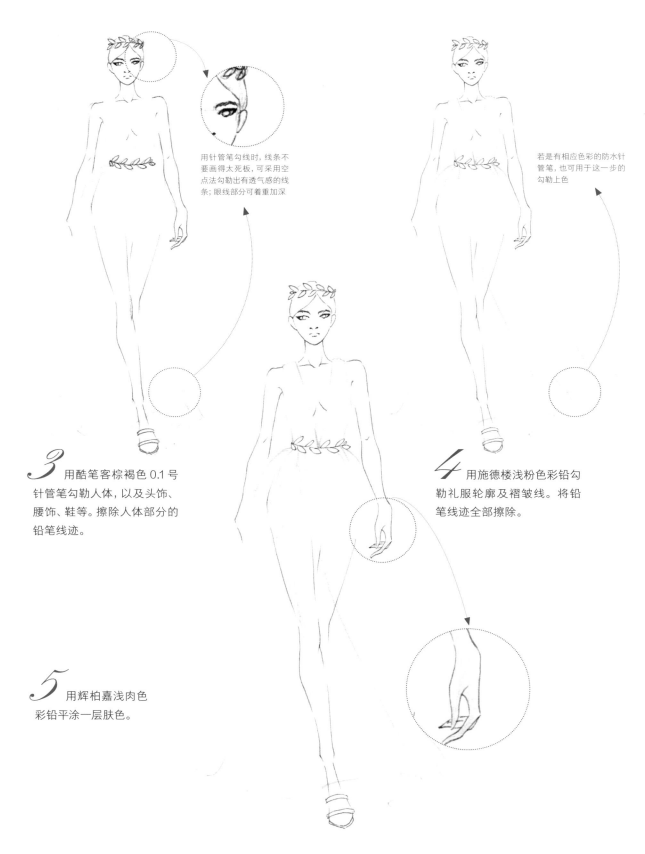

用针管笔勾线时，线条不
要画得太死板，可采用空
点法勾勒出有透气感的线
条；眼线部分可着重加深

若是有相应色彩的防水针
管笔，也可用于这一步的
勾勒上色

*3* 用酷笔客棕褐色 0.1 号
针管笔勾勒人体，以及头饰、
腰饰、鞋等。擦除人体部分的
铅笔线迹。

*4* 用施德楼浅粉色彩铅勾
勒礼服轮廓及褶皱线。将铅
笔线迹全部擦除。

*5* 用辉柏嘉浅肉色
彩铅平涂一层肤色。

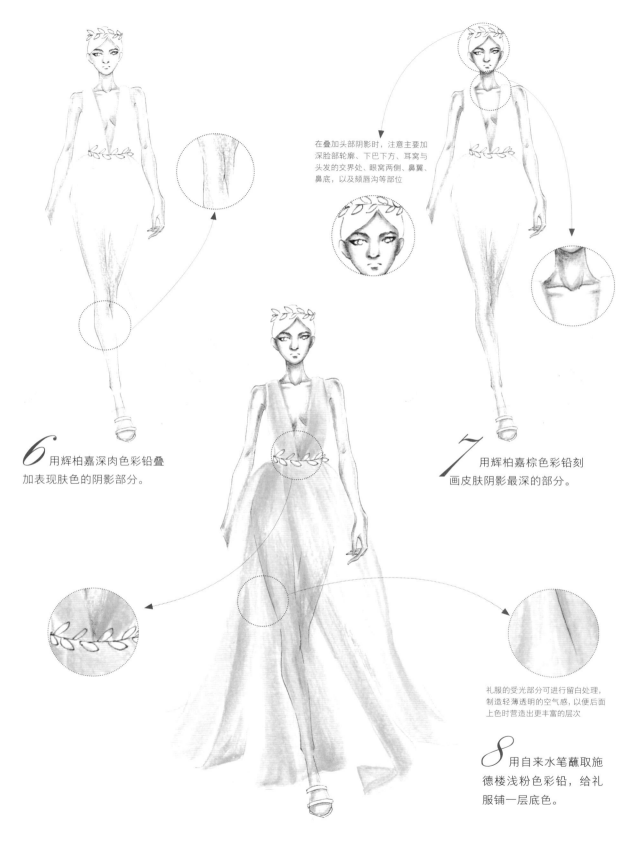

在叠加头部阴影时，注意主要加深脸部轮廓、下巴下方、耳窝与头发的交界处、眼窝两侧、鼻翼、鼻底，以及颊唇沟等部位

*6* 用辉柏嘉深肉色彩铅叠加表现肤色的阴影部分。

*7* 用辉柏嘉棕色彩铅刻画皮肤阴影最深的部分。

礼服的受光部分可进行留白处理，制造轻薄透明的空气感，以便后面上色时营造出更丰富的层次

*8* 用自来水笔蘸取施德楼浅粉色彩铅，给礼服铺一层底色。

*9* 用自来水笔蘸取施德楼中粉色彩铅，绘制礼服的阴影部分。

绘制阴影时，注意保留部分留白和浅粉色

注意对裙摆边缘轮廓的处理

*10* 用施德楼深粉色彩铅刻画礼服的轮廓线和褶皱线，加强层次感和立体感。

采用水溶性彩铅加水技法，可以根据需要将干湿技法结合使用，不一定全部都要加水

*11* 用自来水笔蘸取施德楼深粉色彩铅，绘制礼服上的花朵纹样。

用自来水笔蘸取颜色绘制时，颜色会越画越浅，所以蘸取颜色后先画礼服阴影颜色最深处的装饰，待笔上的颜色变浅后，再画礼服受光部分的装饰。此处也可采用笔尖蘸水技法或干画法

用金棕色铺底，
再用棕红色叠
加暗部

由于黑色较深，头饰
轮廓复杂，因此要仔
细处理头发与头饰
交界处

在绘制鞋时，
要注意表现出
高光细节

**12** 用施德楼金棕色和棕红色彩铅
绘制头饰及腰饰，并用三菱 0.7mm
高光笔表现高光。

**13** 用马可黑色中炭笔平涂
头发和鞋，并用酷喜乐白色软
炭笔表现高光。

在刻画眼部时，可顺带加入
一些妆容效果，如加粗靠眼
尾位置的眼线、双眼皮线及
睫毛等

**14** 用施德楼金棕
色彩铅绘制眼珠，用
施德楼深粉色彩铅绘
制唇色。用马可黑色
中炭笔刻画瞳孔、眼
线及睫毛，再用三菱
0.7mm 高光笔表现瞳
孔和嘴唇上的高光。

# 8.2 制作马克笔时装画效果图

马克笔具有上色方便、快捷，色彩丰富及饱和度高的特点，这也是马克笔较受欢迎的原因。不过，马克笔也具有上色之后就无法修改的特点，所以在使用过程中对技法的掌握要求较高。

## 8.2.1 约会下午茶——平涂上色技法的运用

演示视频

本案例绘制的是一款高领打底衫加茧形翻领中长呢外套，配有皮质短靴、遮阳帽与手包，整体风格偏复古简约。衣身与衣袖都非常宽松，衣袖为落肩袖，由不同颜色的面料拼接而成。衣身上带有黑色图案装饰。

**绘制要点：**当面料上的图案比面料颜色深时，可以选择先铺完整个面料的底色，再在上面绘制图案；若图案颜色比面料颜色浅，则可先画图案，或将图案位置留出。纯黑色物体可以先用黑色马克笔平涂，再用高光笔进行提亮。平涂上色最需要注意的地方就是上色要均匀，并且保持边缘整齐，在处理轮廓线时极为小心。由于是平涂上色，可以先把阴影部分的边缘轻轻勾勒一下，然后选择相应的深色填涂式地进行上色。

**使用工具及颜色：**铅笔、樱花 01 号 /005 号针管笔、法卡勒三代 E173 号 /E174 号 /R175 号 /E415 号 /E164 号 /E417 号 /E412 号 /191 号马克笔、Touch soft head GY48 号 /Y42 号 /PB76 号马克笔、Touch mark70 号马克笔、慕娜美酒红色水笔、三菱 0.7mm 高光笔。

法卡勒三代 E173

法卡勒三代 R175

法卡勒三代 E164

法卡勒三代 E412

Touch soft head GY48

法卡勒三代 E415

法卡勒三代 E174

法卡勒三代 191

法卡勒三代 E417

Touch mark 70

Touch soft head Y42

慕娜美酒红色

Touch soft head PB76

**» 绘画步骤**

*1* 用铅笔绘制人体比例线和动态线。由于人物的手臂完全被上衣遮挡，因此这里只需找准动态线，将躯干、脖子和腿部大致绘制出即可。

*2* 粗略地勾勒帽子、衣服、鞋和包的轮廓，并将衣领、门襟等明显的服装结构线勾勒出来。

$3$　绘制五官。由于人物的眼睛、耳朵被帽子遮挡，故绘制出鼻子和嘴即可。完善腿形、手、高领衫、外衣衣领及包等细节。

$4$　用樱花 01 号针管笔勾线。勾线时注意，要灵活运用接线和空点的技巧，将线条表现得轻松一些，并保持一定的粗细变化，避免死板。

$5$　用樱花 005 号针管笔完善整体细节。由于选择的是平涂技法，因此这里可以用针管笔将阴影的轮廓轻微地勾勒一下。擦除铅笔线迹。

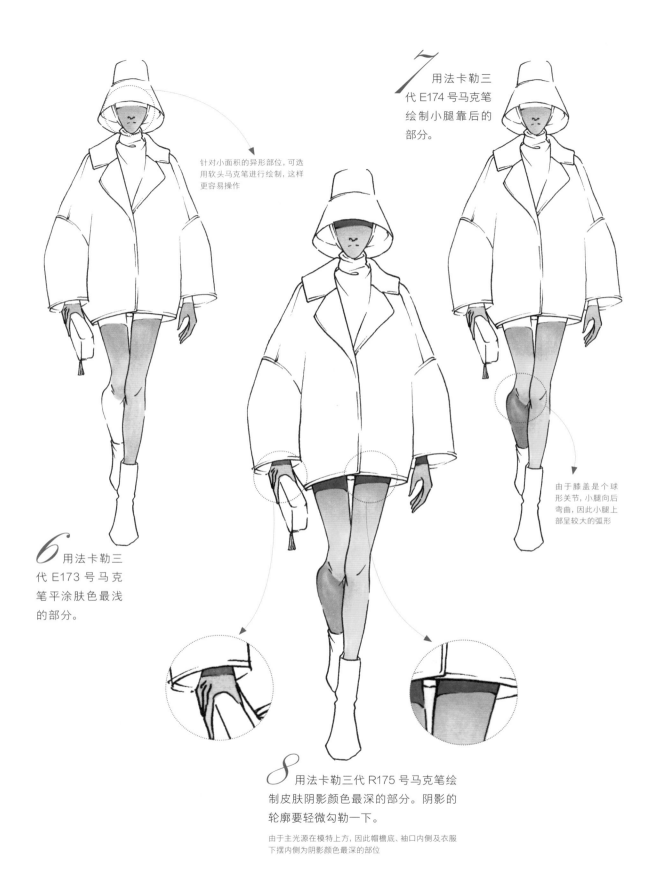

7 用法卡勒三代 E174 号马克笔绘制小腿靠后的部分。

针对小面积的异形部位，可选用软头马克笔进行绘制，这样更容易操作

由于膝盖是个球形关节，小腿向后弯曲，因此小腿上部呈较大的弧形

6 用法卡勒三代 E173 号马克笔平涂肤色最浅的部分。

8 用法卡勒三代 R175 号马克笔绘制皮肤阴影颜色最深的部分。阴影的轮廓要轻微勾勒一下。

由于主光源在模特上方，因此帽檐底、袖口内侧及衣服下摆内侧为阴影颜色最深的部位

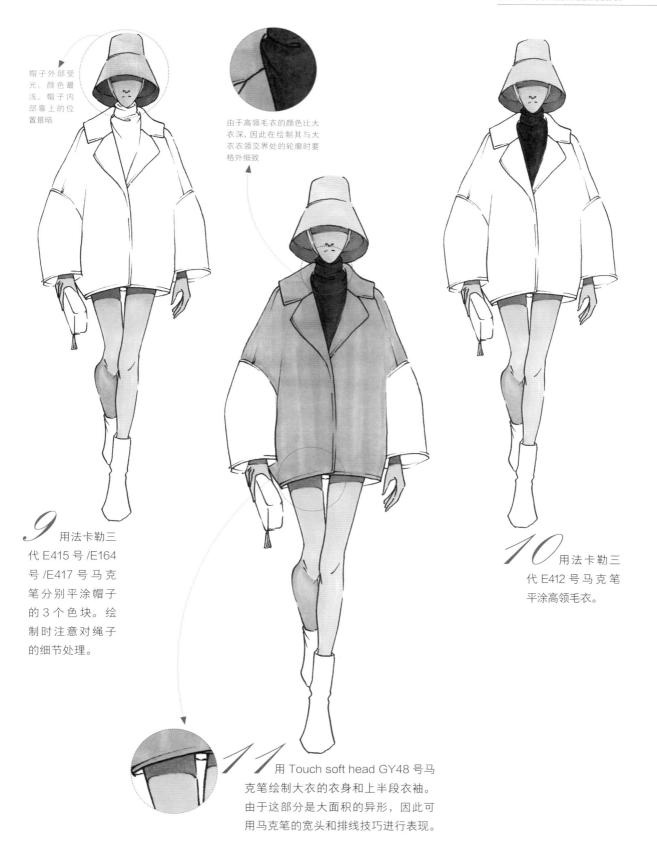

帽子外部受
光，颜色最
浅。帽子内
部靠上的位
置最暗

由于高领毛衣的颜色比大
衣深，因此在绘制其与大
衣衣领交界处的轮廓时要
格外细致

*9* 用法卡勒三
代 E415 号 /E164
号 /E417 号马克
笔分别平涂帽子
的 3 个色块。绘
制时注意对绳子
的细节处理。

*10* 用法卡勒三
代 E412 号马克笔
平涂高领毛衣。

*11* 用 Touch soft head GY48 号马
克笔绘制大衣的衣身和上半段衣袖。
由于这部分是大面积的异形，因此可
用马克笔的宽头和排线技巧进行表现。

由于主光源在模特上方, 因此包侧面的颜色较深

下半段衣袖四周轮廓的绘制也可用马克笔的细头来处理

*12* 用 Touch soft head Y42 号马克笔绘制下半段衣袖。这里选择用马克笔的细头进行排线。

*13* 用 Touch soft head PB76 号马克笔和 Touch mark 70 号马克笔绘制包。

小面积的异形部分均用软头马克笔或马克笔的细头绘制

*14* 用法卡勒三代 191 号马克笔平涂大衣的下摆内侧、袖口内侧及鞋。

在绘制嘴唇时，注意嘴唇在画面中的面积较小，且高光呈点状

*16* 用法卡勒三代 191 号马克笔的软头点出大衣上大小不同、位置随机的雨点状图案。

在绘制鞋时，注意对点状的高光和脚踝处弯曲导致的皮面褶皱的处理

针对带有图案的服装效果图的绘制，如果图案颜色比底色颜色深，那么在给图案上色时可以选择叠加绘制；如果图案颜色比底色颜色浅，那么在给底色上色时就需要给图案部分留白，再给图案填充颜色，或是先给图案上色，再绘制底色

*15* 用慕娜美酒红色水笔绘制嘴唇，用三菱 0.7mm 高光笔表现嘴唇及鞋的高光部分。

# 8.2.2 浪漫庄园——叠加上色技法的运用

演示视频

本案例绘制的是一款露肩、露腰、露腿的缠绕式连衣裙，后侧有飘带和飘逸的裙摆，款式性感、大气，整体风格偏浪漫神秘。服装所采用的雪纺面料属于一种轻薄透明的面料，质地柔软，有良好的悬垂性，在夏季女装的制作中较常用。

**绘制要点：** 想要更好地体现出人体的立体感，必须充分理解身体各个结构的立体感及光影关系。通常关节点（如肩关节、肘关节、腕关节、膝关节、踝关节等）、人体结构外轮廓（如脸部四周、脖子两侧、上肢两侧、下肢两侧等）、人体结构凹陷的部位（如锁骨窝、乳沟、弯曲的手肘内侧等）、有前后关系或紧贴的部位（如下巴下方、腋下、行走动态中靠后的腿等）及服装阴影处的颜色都会比较深。若是一个完整的案例里涉及的颜色较多，也比较类似，一定要先把所有的颜色选好。在选择颜色时要校对色卡，并将各个颜色反复比对；若画纸与色卡纸张的材质不同，建议在画纸上再绘制一个临时色卡。要将服装的悬垂性表现出来，从起稿、勾线时线条就要做到流畅、顺直，包括上色时马克笔的笔触亦是，收笔一定要细、虚，逐渐淡出。

**使用工具及颜色：** 铅笔、酷笔客棕褐色 0.1 号针管笔、吴竹棕色 02 号针管笔、慕娜美薰衣草紫色 / 深薰衣草紫色水笔、法卡勒三代 YR365 号 /YR366 号 /YR367 号 /YR371 号马克笔、酷笔客二代 E34 号 /E39 号 /E29 号 /BV000 号 /BV01 号 /BV02 号 /BV17 号 /R22 号 /R46 号马克笔、三菱 0.7mm 高光笔。

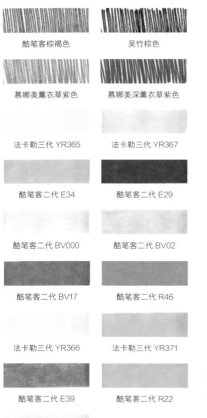

酷笔客棕褐色　　　　吴竹棕色

慕娜美薰衣草紫色　　慕娜美深薰衣草紫色

法卡勒三代 YR365　　法卡勒三代 YR367

酷笔客二代 E34　　　酷笔客二代 E29

酷笔客二代 BV000　　酷笔客二代 BV02

酷笔客二代 BV17　　　酷笔客二代 R46

法卡勒三代 YR366　　法卡勒三代 YR371

酷笔客二代 E39　　　酷笔客二代 R22

酷笔客二代 BV01

» 绘画步骤

*2* 绘制五官、发型、手脚及鞋等。被衣服遮挡的一只手和一条腿可不进行刻画。根据人体动态添加连衣裙的大轮廓，并逐渐细化款式细节。

*1* 用铅笔绘制出人体的比例线、动态线，表现出简体状态。

*3* 用酷笔客棕褐色 0.1 号针管笔勾勒裸露在外的人体部分，用慕娜美薰衣草紫色水笔勾勒服装部分及耳环。在这里，注意要将连衣裙的主要褶皱线条一同勾勒出来。待墨水干透后，将铅笔线迹擦除。

*4* 用酷笔客棕褐色 0.1 号针管笔刻画眼睛部分，用慕娜美薰衣草紫色水笔完善服装上的褶皱线。

眼睛是一个人最重要的部分。在绘制眼睛时，注意上眼线的颜色一定要深，如此可以让人物显得更有神。模特的左胯高、右胯低，导致腰部会产生较多的褶皱，注意褶皱线要根据面料的走向来绘制，右腿向后弯曲，膝盖下方也会产生一些纵向褶皱

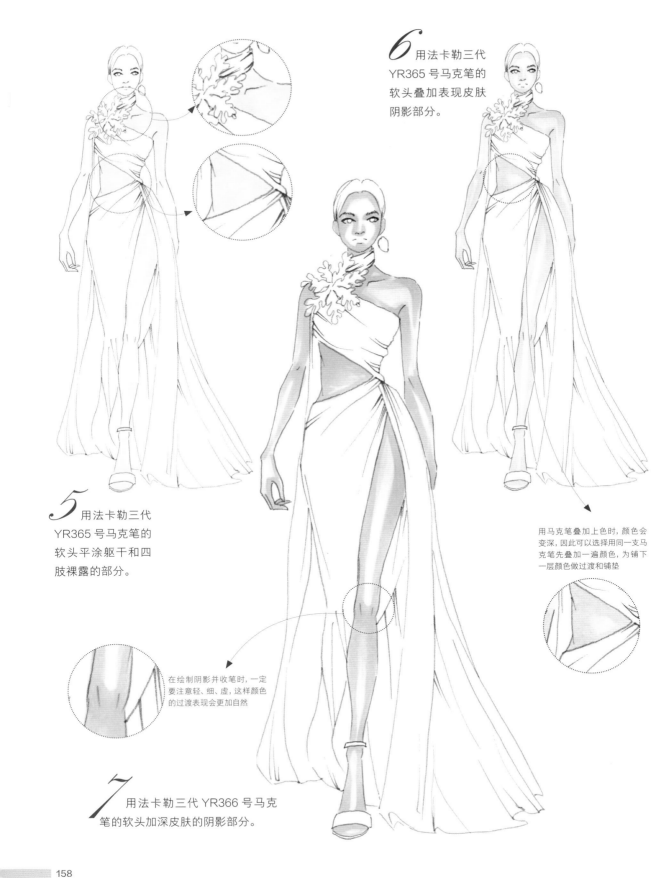

6 用法卡勒三代
YR365 号马克笔的
软头叠加表现皮肤
阴影部分。

5 用法卡勒三代
YR365 号马克笔的
软头平涂躯干和四
肢裸露的部分。

用马克笔叠加上色时，颜色会
变深，因此可以选择用同一支马
克笔先叠加一遍颜色，为铺下
一层颜色做过渡和铺垫

在绘制阴影并收笔时，一定
要注意轻、细、虚，这样颜色
的过渡表现会更加自然

7 用法卡勒三代 YR366 号马克
笔的软头加深皮肤的阴影部分。

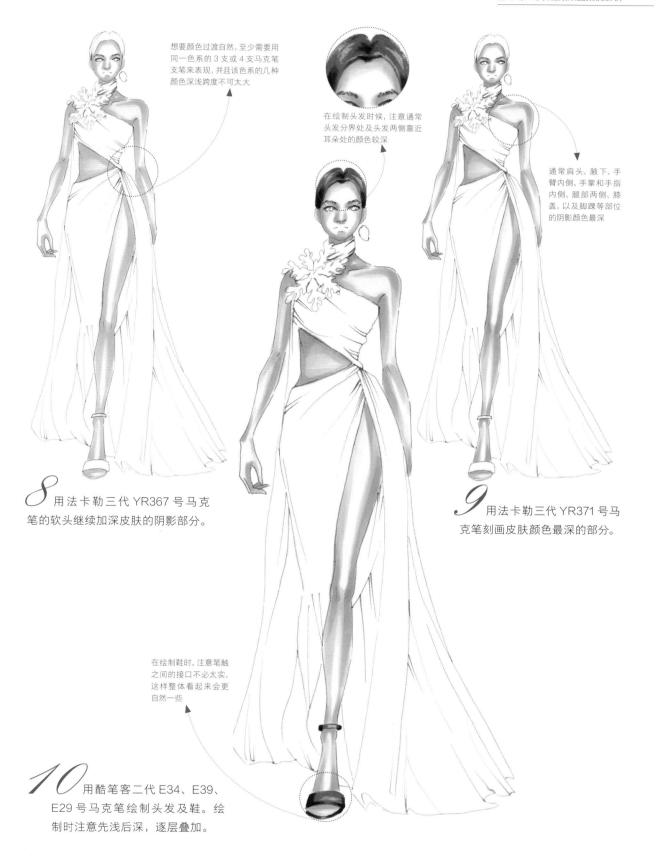

想要颜色过渡自然, 至少需要用同一色系的 3 支或 4 支马克笔支笔来表现, 并且该色系的几种颜色深浅跨度不可太大

在绘制头发时候, 注意通常头发分界处及头发两侧靠近耳朵处的颜色较深

通常肩头、腋下、手臂内侧、手掌和手指内侧、腿部两侧、膝盖, 以及脚踝等部位的阴影颜色最深

*8* 用法卡勒三代 YR367 号马克笔的软头继续加深皮肤的阴影部分。

*9* 用法卡勒三代 YR371 号马克笔刻画皮肤颜色最深的部分。

在绘制鞋时, 注意笔触之间的接口不必太实, 这样整体看起来会更自然一些

*10* 用酷笔客二代 E34、E39、E29 号马克笔绘制头发及鞋。绘制时注意先浅后深, 逐层叠加。

在铺色时, 注意线条的走向是由面料的走向决定的, 不可随意下笔

这一步使用的技法是扫笔, 绘制时可选择腰头、下摆等位置作为起点

**11** 用酷笔客二代 BV000 号马克笔的软头在服装和耳环上平涂一层紫色, 注意对边缘线的处理。

**12** 用酷笔客二代 BV01 号马克笔叠加表现服装上大面积的阴影。

**13** 用酷笔客二代 BV02 号马克笔继续加深暗部。

这一步使用的技法同样是扫笔, 但面积较上一步会小一些

这一步使用的技法同样是扫笔。这一步绘制的颜色较深，因此收笔一定要快，使线条虚化变细。

*14* 用酷笔客二代 BV17 号马克笔绘制阴影颜色最深的部分。

*15* 用吴竹棕色 02 号针管笔刻画发际线、五官等细节，并将皮肤的轮廓线加深，增强立体感。

*16* 用酷笔客二代 BV000 号马克笔绘制眼珠，用酷笔客棕褐色 0.1 号针管笔绘制瞳孔，用三菱 0.7mm 高光笔表现瞳孔的高光。用酷笔客二代 R22 号马克笔绘制眼影和口红，用 R46 号马克笔加深唇色，用三菱 0.7mm 高光笔绘制嘴唇的高光。

*18* 用三菱 0.7mm 高光
笔表现鞋上的高光和胸花
上的水钻。

水钻要绘制得有大有小，
这样效果会更加自然

轮廓线的添加不仅可
以修饰边缘，还可以
强调结构

*17* 用慕娜美深薰衣草紫色水
笔加深服装阴影颜色最深的部分
的轮廓线，以强化立体感。

# 8.2.3 情定西雅图——留白上色技法的运用

本案例绘制的是一款收腰、灯笼袖、长及脚踝的连衣裙，整体偏时尚度假风。上衣部分有缠绕式的披肩设计，并且整体为衬衫面料，比较挺括。

**绘制要点：**本案例的绘制要点主要在于厘清光影关系，并确定留白的位置；笔触的表现要丰富自然，并且线条走向要依据面料走向来确定；在绘制裙子部分时要注意，应选择腰节、裙摆等轮廓较平缓的位置下笔，然后往中间慢慢虚化变细，保持线条的利落和大气感。

**使用工具及颜色：**铅笔、樱花 01 号针管笔、中柏中楷秀丽笔、酷笔客二代 E34 号 /BG57 号 /Y08 号 /C8 号 /R27 号马克笔、法卡勒三代 191 号马克笔。

|  |  |  |  |  |  |
|---|---|---|---|---|---|
| 酷笔客二代 E34 | 酷笔客二代 BG57 | 酷笔客二代 Y08 | 酷笔客二代 C8 | 酷笔客二代 R27 | 法卡勒三代 191 |

» **绘画步骤**

*1* 用铅笔绘制出人体比例线、动态线，展现简体状态。

*2* 绘制胸腔、腹腔及腿等结构。

$3$ 细化墨镜、五官、
发型、手脚及服装。

$4$ 用樱花 01 号针管
笔勾勒一遍线条。

$5$ 待针管笔的笔迹干透以后，将
铅笔线迹擦除，得到干净的线稿。

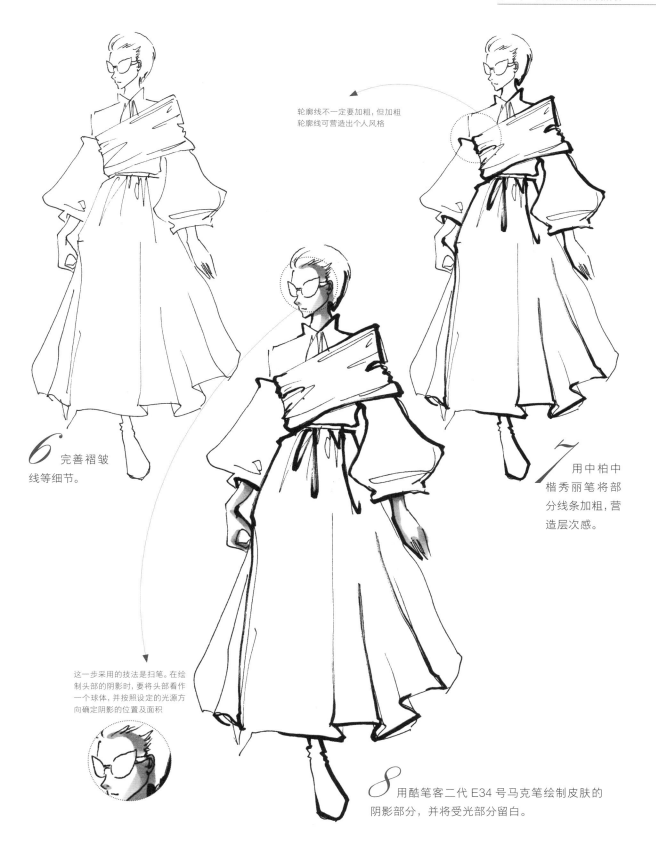

轮廓线不一定要加粗，但加粗
轮廓线可营造出个人风格

*6* 完善褶皱
线等细节。

*7* 用中柏中
楷秀丽笔将部
分线条加粗，营
造层次感。

这一步采用的技法是扫笔。在绘
制头部的阴影时，要将头部看作
一个球体，并按照设定的光源方
向确定阴影的位置及面积

*8* 用酷笔客二代 E34 号马克笔绘制皮肤的
阴影部分，并将受光部分留白。

这一步采用的技法是长顿笔和转笔。线条的表现有明显的粗细变化，并且受光处大面积留白

*9* 　用酷笔客二代 BG57 号马克笔绘制连衣裙的阴影部分，并将受光部分留白。

*10* 　用酷笔客二代 Y08 号马克笔绘制披肩上的阴影部分，并同样将受光部分留白。采用的技法与步骤 9 相同。

*11* 　用酷笔客二代 C8 号马克笔绘制头发，并将头顶的受光部分留白。

墨镜材质较硬，呈反光状态，留白呈硬直的线条状。由于墨镜面积较小，因此不小心就容易涂满，这种情况下可用高光笔进行提亮

*12* 用中柏中楷秀丽笔绘制墨镜，并将反光部分留白。用酷笔客二代 R27 号马克笔绘制嘴唇。

*13* 用法卡勒三代 191 号马克笔绘制鞋，并将受光部分留白。

注意脚踝处因皮质褶皱而形成的线条弯曲的效果

# 8.3 制作综合材料创意时装画效果图

创意时装画是指在时装画上色时加入提升画面质感、立体感或装饰效果的材料，使作品更加独特和有艺术感。在制作创意时装画的过程中，材料的选择多种多样，这里主要对指甲油、金箔纸、花边、羽毛、蕾丝及仿真花瓣的运用进行演示与讲解。

## 8.3.1 优雅女郎——指甲油材料的运用

演 示 视 频

本案例绘制的是内为塔夫绸、外罩带闪欧根纱的双层斜肩礼服，整体风格偏庄重优雅。塔夫绸和欧根纱质地都偏硬，使得礼服整体看起来较挺括。在时装画绘制中，指甲油是比较常见的一种辅助材料。指甲油本身具备一定的黏性，可以很牢固地附着在画纸上。一般透明质地、带有金粉或亮片的指甲油的表现效果较好。

**绘制要点：** 这款礼服的绘制要点主要在其质感的体现上，因此选择正确的笔触进行表现是极为重要的。为了凸显面料的质感，选择马克笔叠色笔触表现技法中的渐变线和马克笔留白技法中的飞白笔触进行表现较为恰当。

**使用工具及颜色：** 铅笔、樱花 005 号针管笔、法卡勒三代 R374 号 /R375 号 /R361 号 /E410 号 /E412 号 /RV209 号马克笔、Touch 76 号马克笔、Touch mark 21 号马克笔、Touch soft head BR104 号 /BR102 号 /WG3 号 /WG5 号马克笔、三菱 0.7mm 高光笔、带金色闪粉的指甲油。

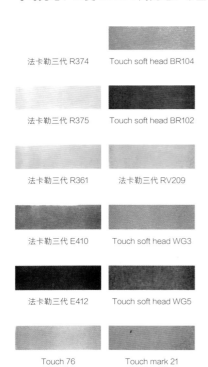

法卡勒三代 R374　Touch soft head BR104

法卡勒三代 R375　Touch soft head BR102

法卡勒三代 R361　法卡勒三代 RV209

法卡勒三代 E410　Touch soft head WG3

法卡勒三代 E412　Touch soft head WG5

Touch 76　Touch mark 21

》 **绘画步骤**

1　用铅笔绘制人体比例线和动态线，绘制时注意构图形式要合适。由于人物的腿部完全被礼服遮挡，因此这里只需找准动态线，然后将主要的躯干和裸露在外的脖子、肩膀、手臂等简体绘制出来即可。

*2* 细化人物的五官、发型及耳环等。同时，绘制服装的外轮廓及内部的部分长线。

*3* 用樱花 005 号针管笔沿铅笔稿整体勾勒一遍。待笔迹干透后，将铅笔线迹擦除，再用针管笔完善一些细节。

*4* 用法卡勒三代 R374 号马克笔给皮肤铺一层底色，铺色时注意要仔细处理皮肤的边缘。

5 用法卡勒三代 R375 号马克笔叠加表现皮肤的阴影部分。

6 用法卡勒三代 R361 号马克笔给皮肤颜色最深的部分上色。

7 用法卡勒三代 E410 号马克笔将头发平涂一遍，再用法卡勒三代 E412 号马克笔加深头发的暗部。

马克笔和彩铅是可以结合使用的，在进行暗部叠加及刻画时也可选择彩铅来完成

在时装画绘制中，像耳环这种细小的物体的绘制尽量用马克笔的细头来完成，否则很容易涂出边界

*8* 用 Touch 76 号马克笔绘制眼珠，用 Touch mark 21 号马克笔绘制唇部，用 Touch soft head BR104 号 /BR102 号马克笔绘制耳环。

在绘制欧根纱时，线条的走向需要依据面料的走向确定，注意对下摆边缘的处理

*9* 用法卡勒三代 RV209 号马克笔绘制礼服内层，颜色不用涂满，可进行部分留白处理，让画面更加有呼吸感。

这一步采用的技法是飞白笔触和扫笔。绘制时注意，一定要从裙摆边缘、腰节线这样的位置下笔并往中间拉，切勿从服装的空白部分下笔，否则容易留下不该出现的笔触痕迹

*10* 用 Touch soft head WG3 号马克笔绘制礼服外层的欧根纱，同样采用飞白笔触及扫笔技法。

这一步绘制的位置主要
集中在边缘轮廓及阴影
颜色最深的部分

用马克笔的细头整体
修整外轮廓，可使画
面效果更加精致

*11* 用 Touch soft head WG5 号
马克笔加深表现外层欧根纱的暗部。

*12* 用 Touch soft head WG5 号马克笔
将礼服的外轮廓修整一遍，使其看起来
更工整。

*13* 用三菱 0.7mm 高光笔
点出眼睛、嘴唇及耳环上的高
光，增强立体感。

*14* 在礼服上刷一层带金色
闪粉的指甲油。

# 8.3.2 派对女王——金箔纸材料的运用

演 示 视 频

　　本案例绘制的是一款由灰色薄纱制成的深 V、无袖且薄透感较强的长礼服，整体风格偏性感、时尚。礼服上身及腰线附近有金色装饰物，而这类装饰物通常是用金箔纸碎片来表现。金箔纸碎片属于美甲材料，色泽光亮、轻薄柔软，并且大小各异，形状随机，可营造出随意自然的闪片效果。

　　**绘制要点：**这件礼服的绘制要点在于下半身裙子的表现：总体呈垂直方向，没有横向褶皱，在笔触的表现上都比较长，并且收笔比较虚化，不能在中间出现顿点。在表现透明效果的面料时，需要先对皮肤上色，再将面料的颜色覆盖在皮肤的颜色上。

　　**使用工具及颜色：**铅笔、樱花 005 号针管笔、法卡勒三代 E172 号 /E174 号 /191 号 /RV131 号 /R175 号马克笔、酷笔客二代 E39 号 /C2 号 /C4 号 /C6 号 /C8 号 /BG45 号马克笔、Touch soft head BR97 号 /BR91 号马克笔、酷喜乐白色软炭笔、三菱 0.7mm 高光笔、透明指甲油、金箔纸碎片。

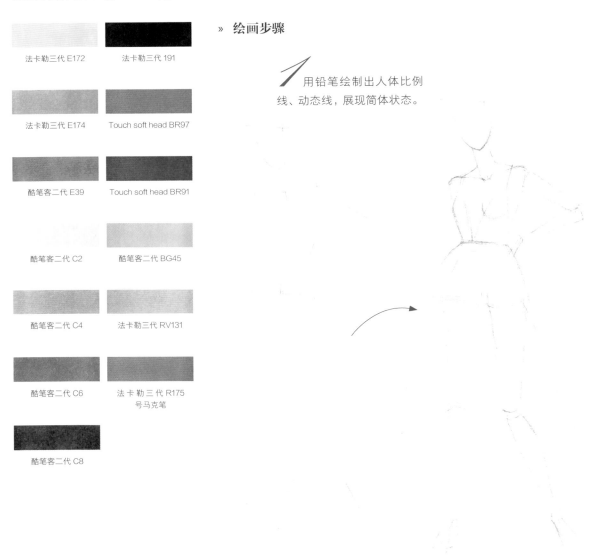

法卡勒三代 E172　　法卡勒三代 191

法卡勒三代 E174　　Touch soft head BR97

酷笔客二代 E39　　Touch soft head BR91

酷笔客二代 C2　　酷笔客二代 BG45

酷笔客二代 C4　　法卡勒三代 RV131

酷笔客二代 C6　　法卡勒三代 R175
　　　　　　　　　　号马克笔

酷笔客二代 C8

**» 绘画步骤**

*1* 用铅笔绘制出人体比例线、动态线，展现简体状态。

$\mathcal{2}$ 细化人物的五官。勾勒服装的大致轮廓，完善人体、耳环及鞋等细节。虽然人物的腿部被裙子遮挡，但透过裙子还是能看见腿形，因此腿部的形态也要在这一步勾勒出来。

$\mathcal{3}$ 用樱花 005号针管笔勾勒并整理线条。

$\mathcal{4}$ 待针管笔的笔迹干透后，将铅笔线迹擦除。

5 用法卡勒三代 E172 号马克笔给皮肤铺一层底色。

在对腿部进行上色时，注意腿部上方是有面料遮挡的，因此颜色需要稍浅一些

6 用法卡勒三代 E174 号马克笔绘制皮肤的阴影。

7 用法卡勒三代 E172 号马克笔在肤色的深浅之间过渡一下，使肤色看起来更自然。

*8* 用酷笔客二代 E39
号马克笔刻画皮肤颜色最
深的部分。

在这里，由于腿部被裙子遮挡，所
以轮廓不必画得太精致，只要将大
色块表现出来即可

礼服的裙子部分的绘制均采用扫笔技
法。注意，下笔点要选择腰节线和裙摆
等相对平整的位置，线条扫到中间后虚
化淡出，并保持上下衔接自然

*9* 用酷笔客二
代 C2 号马克笔的
宽头绘制礼服的
第一层颜色。

*10* 用酷笔客二代 C4 号马
克笔的宽头叠加礼服的第二
层颜色。

上衣部分的绘制用马克笔的细头来完成，
下摆用马克笔的粗头来完成

11 用酷笔客二代 C6 号
马克笔的宽头叠加礼服的
第三层颜色。

12 用酷笔客二代 C8 号马克笔绘制礼服
颜色最深的部分。

在每叠加一层颜色，叠加面积都会减少

**13** 用法卡勒三代 191 号马克笔的软头平涂头发及鞋，然后用酷喜乐白色软炭笔绘制头发的高光部分。

扎起的头发高光通常在头顶部及两侧靠上位置，并以短线的形式进行呈现

**14** 用 Touch soft head BR97 号马克笔平铺耳环的底色，用 Touch soft head BR91 号马克笔叠加表现耳环的阴影，用樱花 005 号针管笔刻画耳环的阴影，用三菱 0.7mm 高光笔表现耳环的高光。

这一步需要注意的是，金箔纸碎片本身大小各异，因此其位置的安排也应尽量均匀且随机一些

15 用酷笔客二代 BG45 号马克笔绘制眼珠，用法卡勒三代 RV131 号马克笔绘制嘴唇、腮红及眼影，用法卡勒三代 R175 号马克笔叠加表现嘴唇的阴影，用樱花 005 号针管笔刻画嘴唇及瞳孔、睫毛等细节，用三菱 0.7mm 高光笔表现瞳孔及嘴唇上的高光。

16 在礼服上身及腰线以下部分刷上透明指甲油，然后将金箔纸碎片撒在相应位置，并且使金箔纸碎片附着在纸面上。

# 8.3.3 巴黎风情——花边材料的运用

演 示 视 频

　　这是一款抹胸收腰样式的双层连衣裙，胸口配有蕾丝装饰，整体风格偏俏皮、浪漫。连衣裙采用的是绸缎面料，有较明显的光泽感，因此比较适合用留白技法来表现。上衣有立体花边装饰。褶皱花边的种类及颜色非常多，这里使用的材料为幅宽为 3cm 的涤纱褶皱花边。花边本身是经过褶皱处理的，但为了让效果更立体，在粘贴前又进行了一次缩缝处理。

　　**绘制要点：**除了颜色选择准确以外，最重要的是在下笔之前将留白的位置（服装和人体凸起的部分）明确出来，并在绘制中适当地进行留白。笔触的走向要根据面料的走向来确定。

　　**使用工具及颜色：**铅笔、樱花 005 号针管笔、法卡勒三代 R356 号 /R357 号 /191 号马克笔、酷笔客二代 R35 号 /E34 号 /E39 号 /E29 号 /YR04 号 /YR12 号 /R14 号 /R46 号 /B23 号 /B26 号马克笔、三菱 0.7mm 高光笔、斯塔银色金属笔、慕娜美红色水笔、中柏中楷秀丽笔、双面胶、花边。

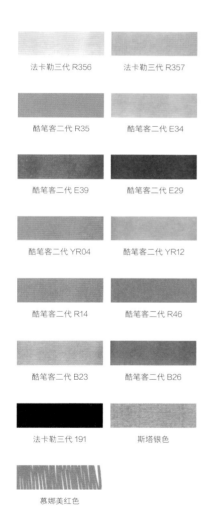

法卡勒三代 R356

法卡勒三代 R357

酷笔客二代 R35

酷笔客二代 E34

酷笔客二代 E39

酷笔客二代 E29

酷笔客二代 YR04

酷笔客二代 YR12

酷笔客二代 R14

酷笔客二代 R46

酷笔客二代 B23

酷笔客二代 B26

法卡勒三代 191

斯塔银色

慕娜美红色

**» 绘画步骤**

*1* 用铅笔绘制人体比例线、动态线，展现简体状态。

*2* 根据人体动态添加服装的大致轮廓，并逐渐细化款式细节。同时，绘制五官、发型、手脚、耳环及鞋等细节。

在对线稿整体进行勾勒时，注意线条要有轻重、粗细变化，切勿显得死板

*3* 用樱花005号针管笔勾勒线条。

*4* 待针管笔的笔迹干透后，将铅笔线迹擦除，再完善一些细节。

*5* 用法卡勒三代 R356 号马克笔的软头给皮肤铺一层底色，并将受光部分留白。

皮肤的绘制均采用扫笔技法，让颜色过渡自然

头顶部和两侧受光部分可稍微进行留白，让画面层次更加丰富

*6* 用法卡勒三代 R357 号马克笔的软头叠加表现皮肤的阴影部分。

*7* 用酷笔客二代 E34 号 /E39号马克笔平铺头发的底色，并表现出头发的阴影部分。

*8* 用酷笔客二代 E29号马克笔刻画头发颜色最深的部分。

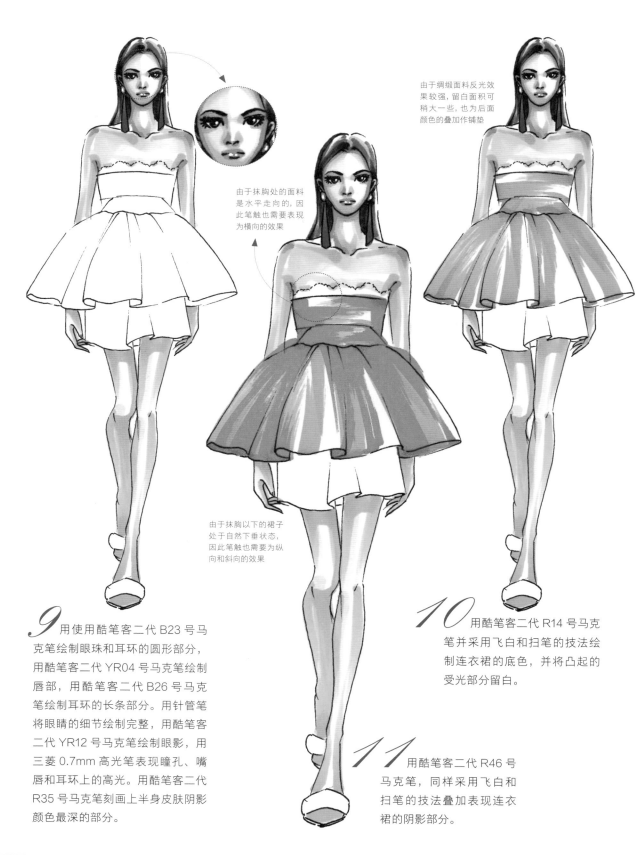

由于绸缎面料反光效
果较强,留白面积可
稍大一些,也为后面
颜色的叠加作铺垫

由于抹胸处的面料
是水平走向的,因
此笔触也需要表现
为横向的效果

由于抹胸以下的裙子
处于自然下垂状态,
因此笔触也需要为纵
向和斜向的效果

*9* 用使用酷笔客二代 B23 号马
克笔绘制眼珠和耳环的圆形部分,
用酷笔客二代 YR04 号马克笔绘制
唇部,用酷笔客二代 B26 号马克
笔绘制耳环的长条部分。用针管笔
将眼睛的细节绘制完整,用酷笔客
二代 YR12 号马克笔绘制眼影,用
三菱 0.7mm 高光笔表现瞳孔、嘴
唇和耳环上的高光。用酷笔客二代
R35 号马克笔刻画上半身皮肤阴影
颜色最深的部分。

*10* 用酷笔客二代 R14 号马克
笔并采用飞白和扫笔的技法绘
制连衣裙的底色,并将凸起的
受光部分留白。

*11* 用酷笔客二代 R46 号
马克笔,同样采用飞白和
扫笔的技法叠加表现连衣
裙的阴影部分。

在绘制胸口的蕾丝图案时，线条可以表现得相对随意一些，只需大概表现出蕾丝的效果即可，不必中规中矩

*12* 用酷笔客二代 B23 号马克笔绘制连衣裙的蓝色部分，同样将凸起的受光部分留白。

在绘制鞋上的铆钉时，注意将鞋子上的高光也一起带出来

*13* 用酷笔客二代 B26 号马克笔叠加表现连衣裙蓝色部分的阴影，尤其要注意，离外层连衣裙最近位置的颜色最深，因此在对阴影整体上色后，要将这部分单独刻画一遍。

*14* 用法卡勒三代 191 号马克笔绘制鞋，用斯塔银色金属笔、三菱 0.7mm 高光笔绘制鞋上的铆钉。用酷笔客二代 R35 号马克笔刻画下半身皮肤阴影颜色最深的部分，用慕娜美红色水笔绘制胸口的蕾丝图案。

粘贴之后,要对花边的整
体造型进行整理,确保两
边对称,以使效果最佳

*15* 用中柏
中楷秀丽笔
勾勒局部轮
廓线。

*16* 用双面胶
将花边粘在上衣
的腰线位置。

# 8.3.4 黑天鹅——仿真羽毛材料的运用

演 示 视 频

本案例绘制的是一款黑色抹胸式的蓬蓬连衣裙，连衣裙的短裙部分用仿真羽毛进行表现，整体风格偏夸张和舞台化。仿真羽毛颜色很多，长短大小各异，有单支的也有成组的，可以根据需要进行选择，也可修剪使用。

**绘制要点：** 由于人物的前臂、手掌和大腿基本都被仿真羽毛遮挡了，所以只需将其大形勾勒出来并大致上色即可。若是对遮挡位置不是很肯定，建议绘制完整后再加贴材料，切忌贴完材料再画，否则容易影响整体效果。

**使用工具及颜色：** 铅笔、樱花 01 号 /003 号针管笔、法卡勒三代 R356 号 /R357 号 /RV209 号 /191 号马克笔、酷笔客二代 R27 号马克笔、三菱 0.7mm 高光笔、B-7000 胶水、黑色仿真羽毛。

法卡勒三代 R356

法卡勒三代 R357

法卡勒三代 RV209

法卡勒三代 191

酷笔客二代 R27

## » 绘画步骤

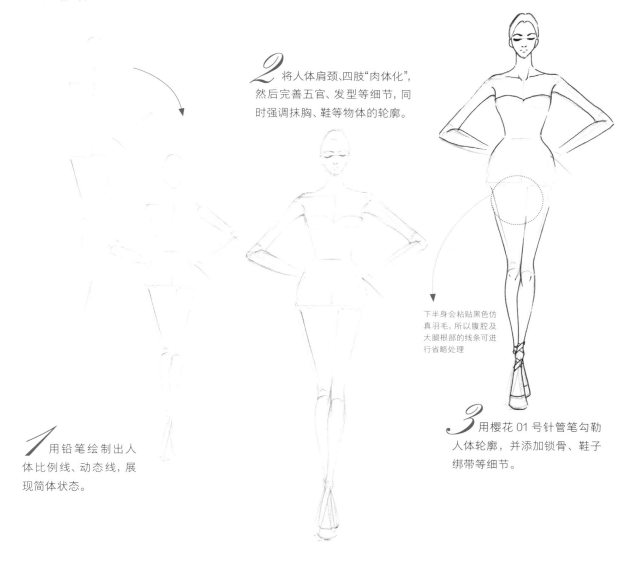

*1* 用铅笔绘制出人体比例线、动态线，展现简体状态。

*2* 将人体肩颈、四肢"肉体化"，然后完善五官、发型等细节，同时强调抹胸、鞋等物体的轮廓。

*3* 用樱花 01 号针管笔勾勒人体轮廓，并添加锁骨、鞋子绑带等细节。

下半身会粘贴黑色仿真羽毛，所以腹腔及大腿根部的线条可进行省略处理

4 待针管笔的笔迹干透后，将铅笔线迹擦除。

6 用法卡勒三代 R357 号马克笔叠加表现皮肤的阴影部分。

5 用法卡勒三代 R356 号马克笔给皮肤铺一层底色。

7 用法卡勒三代 RV209 号马克笔刻画脖子、腋下等皮肤阴影颜色较深的位置。

*8* 用法卡勒三代 191 号马克
笔平涂头发、抹胸上衣及鞋。

在这里，使用软头或尖
头马克笔可以将边缘
轮廓处理得更细致

修剪完羽毛之后，建议
先将羽毛放置在画面中，
看看整体效果，并调整
位置和长短，确定后再
涂抹胶水，粘贴羽毛

*9* 在事先准备好的黑色仿真羽毛的根部包上布条
进行适当修剪，每一组的宽度不超过粘贴位置的宽
度。然后将少量 B-7000 胶水涂抹在羽毛根部，再
将羽毛粘贴在模特腰线靠中间的位置。

*10* 取两组羽毛，将其分别粘贴在两侧靠外的位置。

*11* 用 3 根独立的、根部没有包布条的羽毛将之前粘好的羽毛根部的布条遮挡一下。

*12* 用樱花 003 号针管笔刻画五官、发际线和耳环，耳环的高光可自然留白。用酷笔客二代 R27 号马克笔绘制眼影和口红，用三菱 0.7mm 高光笔表现嘴唇和眼球上的高光。

*13* 用三菱 0.7mm 高光笔绘制抹胸上衣的珍珠装饰，头发和鞋子的高光部分。

*14* 在模特的头顶上粘贴一根细长的羽毛作为装饰。

## 8.3.5 华丽宫廷——蕾丝材料的运用

本案例绘制的是一款及地式的塔夫绸抹胸蓬蓬礼服，背后有一个巨大的蕾丝蝴蝶结装饰，因此采用背面人体进行体现，整体风格偏复古夸张。蕾丝是一种舶来品，早在 18 世纪就已经被大量使用。早期蕾丝只是作为辅料在服装中使用，随着工艺的不断发展，现如今蕾丝已发展为一种服装面料。

演 示 视 频

**绘制要点：** 礼服面积较大，可采用排线的技法完成上色。

**使用工具及颜色：** 铅笔、酷笔客棕褐色 0.1 号针管笔、吴竹棕色 02 号针管笔、法卡勒三代 E414 号 /E173 号 /E174 号马克笔、酷笔客二代 W6 号 /C2 号 /C4 号 /C6 号 /R89 号马克笔、中柏中楷秀丽笔、酷喜乐白炭笔、双面胶、细蕾丝、粗蕾丝。

| | |
|---|---|
| 酷笔客棕褐色 | 吴竹棕色 |
| 法卡勒三代 E414 | 法卡勒三代 E173 |
| 法卡勒三代 E174 | 酷笔客二代 W6 |
| 酷笔客二代 C2 | 酷笔客二代 C4 |
| 酷笔客二代 C6 | 酷笔客二代 R89 |

» **绘画步骤**

*1* 用铅笔绘制人体比例线、动态线，展现简体状态。

*2* 完善五官、发型等人体细节，并强调一下礼服、手套、耳饰及项链的轮廓。

3 用酷笔客棕褐色 0.1 号针管笔勾勒人体部分，用吴竹棕色 02 号针管笔勾勒礼服部分。待针管笔的笔迹干透后，将铅笔线迹擦除。

4 完善手套的褶皱、肩胛骨、眉毛、睫毛及耳饰等细节。

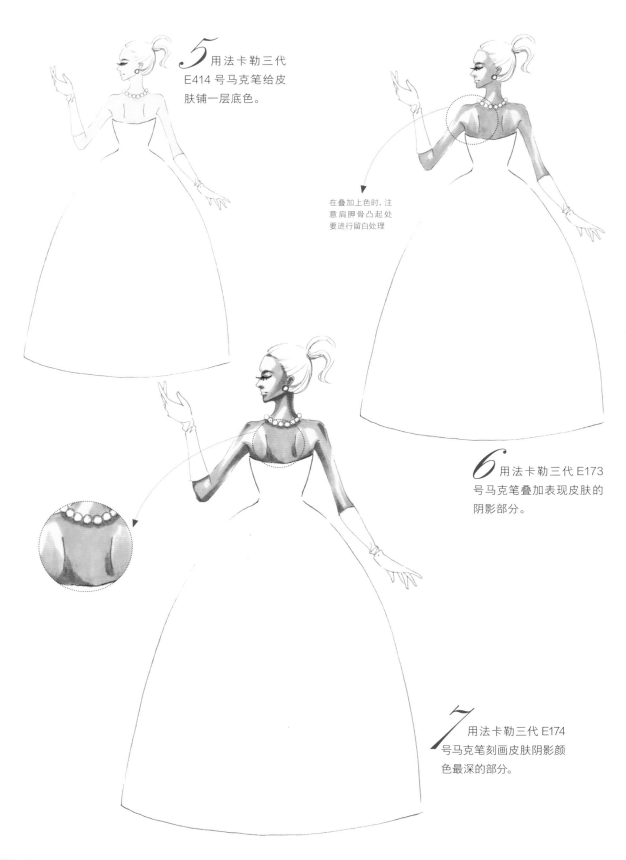

$5$ 用法卡勒三代 E414 号马克笔给皮肤铺一层底色。

在叠加上色时，注意肩胛骨凸起处要进行留白处理

$6$ 用法卡勒三代 E173 号马克笔叠加表现皮肤的阴影部分。

$7$ 用法卡勒三代 E174 号马克笔刻画皮肤阴影颜色最深的部分。

*8* 用酷笔客二代 W6 号马克笔绘制礼服的裙身部分。

这一步主要采用粗头排线技法，要仔细处理礼服的边缘轮廓

手套面积小，因此采用软头绘制更合适

*9* 用酷笔客二代 W6 号马克笔绘制手套部分。

*10* 用酷笔客二代 C2 号马克笔给头发铺一层底色。

**11** 用酷笔客二代 C4 号马克笔叠加表现头发的暗部。

脑后和马尾下侧的受光较少，因此颜色也较深

**12** 用酷笔客二代 C6 号马克笔刻画头发阴影颜色最深的部分。

**13** 用酷笔客二代 R89 号马克笔绘制眼线、口红等面部细节。

*14* 用中柏中楷秀丽笔
绘制珍珠耳饰及项链，只
表现暗部即可。

在绘制一些较小的球体时，可以将高
光、亮部及反光部分直接留白

*15* 用中柏中楷秀丽笔将
部分轮廓线加粗，作为装饰
效果，也可起到呼应即将加
上的黑色蕾丝的作用。

*16* 用酷喜乐白炭笔绘制
手套、头发上的高光。

17 先将双面胶按照裙摆
的弧度贴在靠近裙摆的位
置，然后剪一段与裙摆等宽
的细蕾丝粘贴上去。

在绘制裙摆时，注意裙摆是有弧度的。
在粘贴双面胶和蕾丝时，要注意与裙
摆的弧度相吻合，如此可以表现出更
强的立体感

18 剪一段与腰等宽的双面
胶，将其贴在腰部，然后将宽蕾
丝打成蝴蝶结，粘贴在腰部。

# 8.3.6 花之精灵——仿真花瓣材料的运用

本案例绘制的是一款圆领、无袖、紧身且带拖尾的礼服，半裙及拖尾部分使用仿真花瓣来完成，整体风格偏活泼可爱。仿真花瓣颜色丰富，有纯色、渐变色等样式，并且价格便宜，仿真花瓣通常一片的大小为 5cm×5cm 左右，形状和大小可根据需要进行修剪。

演 示 视 频

**绘制要点：** 粘贴的仿真花瓣只遮挡了很小一部分的人体，因此需要先把人体完整画出来，再进行粘贴。

**使用工具及颜色：** 铅笔、樱花 005 号针管笔、法卡勒三代 E413 号 /E414 号 /E415 号 /E416 号马克笔、酷笔客二代 R89 号 /E29 号 /R14 号 /RV29 号马克笔、酷喜乐白炭笔、B-7000 胶水、仿真花瓣。

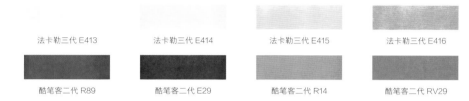

| 法卡勒三代 E413 | 法卡勒三代 E414 | 法卡勒三代 E415 | 法卡勒三代 E416 |
| 酷笔客二代 R89 | 酷笔客二代 E29 | 酷笔客二代 R14 | 酷笔客二代 RV29 |

» **绘画步骤**

*2* 根据动态简体完善五官、发型、四肢、衣服及鞋等细节。

*1* 用铅笔绘制人体比例线、动态线，展现为简体状态。

3 用樱花 005 号针管笔勾
勒轮廓线。

4 待针管笔的笔迹干透后，将铅笔线
迹擦除，再用针管笔完善鞋带等细节。

5 用法卡勒三代 E413 号马克笔
的软头给皮肤铺一层底色。

6 用法卡勒三代 E414 号马克笔叠加表现皮肤的阴影部分。

7 用法卡勒三代 E415 号马克笔继续加深皮肤的阴影部分。

8 用法卡勒三代 E416 号马克笔刻画皮肤颜色最深的部分。

*9* 用酷笔客二代 R89 号马克笔平涂头发。

*10* 用酷笔客二代 E29 号马克笔叠加表现头发的暗部。

模特头顶扎起的丸子头类似球体，同时刘海是覆盖在额前的，而头部也类似球体，丸子头和刘海的高光要随着球体角度的变化而变化

*11* 用酷喜乐白炭笔刻画头发上的高光。

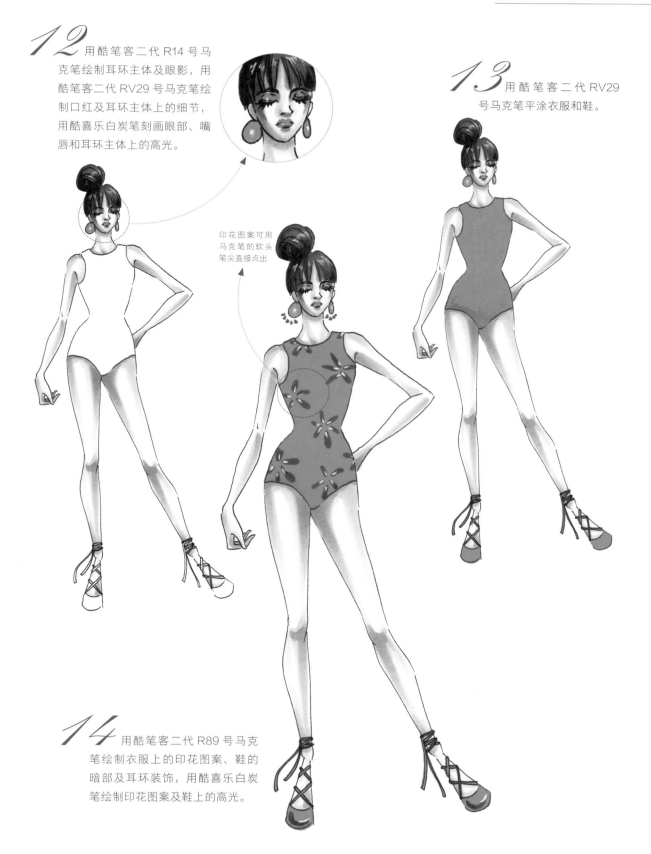

**12** 用酷笔客二代 R14 号马克笔绘制耳环主体及眼影，用酷笔客二代 RV29 号马克笔绘制口红及耳环主体上的细节，用酷喜乐白炭笔刻画眼部、嘴唇和耳环主体上的高光。

**13** 用酷笔客二代 RV29 号马克笔平涂衣服和鞋。

印花图案可用马克笔的软头笔尖直接点出

**14** 用酷笔客二代 R89 号马克笔绘制衣服上的印花图案、鞋的暗部及耳环装饰，用酷喜乐白炭笔绘制印花图案及鞋上的高光。

**15** 用 B-7000 胶水将事先准备好的
仿真花瓣粘贴在裙摆拖尾的位置。

为了保持美观，选择从裙摆末端开始粘贴，这样
从右往左粘贴，每粘贴一层，都可将上一层花瓣
的左侧覆盖住

**16** 将事先准
备好的用仿真
花瓣制成的半
裙粘贴上去。

最后一片花瓣会全部裸露
在外，因此在粘贴之前可
先对这片花瓣进行修剪，
这样看起来会更美观